高新技术兵器

林仁华 **主编**

李 杰 傅前哨 李太昌 **编著**

广西科学技术出版社

图书在版编目（CIP）数据

高新技术兵器 / 林仁华主编. — 南宁：广西科学技术出版社，2012.8（2020.6重印）

（青少年国防知识丛书）

ISBN 978-7-80619-499-7

Ⅰ．①高… Ⅱ．①林… Ⅲ．①高技术武器—青年读物②高技术武器—少年读物 Ⅳ．① E92-49

中国版本图书馆 CIP 数据核字（2012）第 189328 号

青少年国防知识丛书

高新技术兵器
GAOXIN JISHU BINGQI

林仁华　主编

责任编辑	方振发	封面设计	叁壹明道
责任校对	谢桂清	责任印制	韦文印

出 版 人　卢培钊

出版发行　广西科学技术出版社

　　　　　（南宁市东葛路66号　邮政编码530023）

印　　刷　永清县晔盛亚胶印有限公司

　　　　　（永清县工业区大良村西部 邮政编码065600）

开　　本　700mm×950mm　1/16

印　　张　16

字　　数　206 千字

版次印次　2020 年 6 月第 1 版第 4 次

书　　号　ISBN 978-7-80619-499-7

定　　价　29.80 元

向青少年普及国防知识

（代序）

林仁华

国防是国家的大事，是为保卫国家的主权统一、领土完整和安全，防御武装侵略和颠覆所采取的一切措施。我国国防力量的强弱和国防建设的好坏，是关系到中华民族生存与发展的大问题，任何时候都不能放松和忽视。

回顾我国鸦片战争之后 100 年的历史，由于清政府的腐败无能，形成"有国无防"，时而受到八国联军铁蹄的蹂躏和西方列强的宰割，时而受到日本侵略者的烧杀、奸淫和掠夺，使中国人民陷于水深火热之中。在中国共产党英明领导下，在中国人民解放军的英勇奋战和全国人民共同努力下，我们建立了繁荣昌盛的新中国和强大的国防，中国人民从此才站了起来，洗雪了百年的耻辱，捍卫了国家主权、领土的完整，保卫了人民生命财产的安全。想想过去，看看现在，我们每一个中国人都应该懂得"国无防不立、民无兵不安"的道理，都应该牢记"落后就要挨打、贫穷就要受欺"的教训，奋发图强，为建设强大的国防和振兴中华而努力。

目前，国际形势复杂多变，和平与发展成为当今世界的主题，但是各地局部战争连绵不断，各种矛盾还在深入发展，新的战略格局尚未形成，世界仍然处在大变动的历史时期。我国的社会主义现代化建设仍将在复杂多变的环境中进行。我们要居安思危，要按照江泽民同志在中国共产党第十四次代表大会上指出的："各级党组织、政府和全国人民要一如既往地关心国防建设，支持军队完成各项任务，抓好全民国防教育。"

抓好全民国防教育，应当从青少年抓起。因为以爱国主义为核心的国防意识，是一个国家的国魂、民魂，只有一代一代传下去，才能保持民族的兴旺和国家的强盛。青少年是祖国的未来与希望，是祖国的建设者和保卫者，是21世纪的主人。在21世纪，经济建设的好坏，国防的强弱，对我们中华民族的前途和命运至关重要。因此，我们必须及早着手，将爱国主义思想和国防意识注入青少年的心田，使他们具有浓厚的爱国主义思想和掌握必备的国防知识。这是关系到祖国的盛衰荣辱的大事，是关系到今后谁来保卫中国的大问题。我们的国防是全民的国防，植根于全体公民热爱祖国、建设祖国、保卫祖国的思想和行动中。《中华人民共和国国防法》明确规定："保卫祖国、抵抗侵略是中华人民共和国每一个公民的神圣职责""公民应当接受国防教育""普及和加强国防教育是全社会的共同责任"。因此，搞好青少年的国防教育，在青少年中普及国防知识，是修筑未来"长城"的战略之举，是国防建设后继有人的百年大计，也是我们国家长治久安、长盛不衰的根本保证，应该引起青少年和全国人民的重视。我们一定要大力加强国防教育，普及现代国防知识，长期不懈地抓下去。

广西科学技术出版社具有浓厚的国防观念和远见卓识，愿为青少年增强国防意识和掌握国防知识贡献力量，专程到北京，委托我主编一套《青少年国防知识》丛书，供青少年读者阅读，满足各地对青少年进行教育的需要。我邀请了首都国防科普作家和长期从事国防教育的工作者

40多人，同出版社几位编辑一起，用了三年多的时间，终于编写出这套丛书，包括《国防历史》《国防地理》《现代战争知识》《人民军队》《国防后备军》《军事高技术》《高新技术兵器》《军事工程》《后勤保障》《著名军事人物》等十册，向全国出版发行。

这套丛书具有两个鲜明的特点：

第一个特点是内容丰富，知识性强，具有国防现代化读物的特色。本丛书的观点和题材都体现一个"新"字，坚持以邓小平新时期国防建设思想为依据，通过大量生动的事例，比较系统地介绍了我国国防现代化建设有关的基本知识，各本书又有各自的特色和内容。

《国防历史》，主要介绍我国历代国防的特点和战争的情况以及军事上的改革和创新；介绍帝国主义的侵略和强加给中国的不平等条约以及中国人民英勇抗击侵略斗争的业绩。

《国防地理》，主要介绍我国在世界上的战略地位和国家周边的安全形势，以及我国著名的军事重地、边关要塞、古战场、海边防军情况。

《现代战争知识》，主要介绍现代战争的特点和要求，特别是在高技术条件下，陆战、海战、空战、电子战、导弹战、原子战、化学战、生物战、心理战等种种战争的特点和攻防的手段。

《人民军队》，主要介绍中国人民解放军的建军思想、战斗历程、优良传统和光辉业绩，以及新历史时期以现代化建设为中心进行全面建设的内容和要求。

《国防后备军》，主要是介绍我国国防后备力量建设的方针和原则，反映民兵在各个历史时期勇敢、沉着、机智、灵活的战斗风貌，介绍有关学生军训和外国后备力量建设的新鲜知识。

《军事高技术》，大量介绍高新技术应用于军事的情况，特别是微电子、计算机、生物、航天、激光、红外、隐身、遥感、精确制导、人工智能等各种技术的原理及其在国防建设中的应用。

《高新技术兵器》，着重介绍核生化武器、战术战略导弹、定向能武器、动能武器、电磁炮以及海上舰艇、作战飞机、主战坦克等新装备。

《军事工程》，着重介绍军事工程在现代战争中的地位和作用，以及构筑工事、设置障碍、布设地雷、抢修公路、架桥渡河、爆破伪装、野战给水等工程的内容、技术和要求。

《后勤保障》，着重介绍古今中外后勤工作的情况及其在战争中的作用，介绍物资、弹药、油料、给养、技术维修、卫生勤务、军事交通等各种保障工作的特点和要求。

《著名军事人物》，主要介绍我国古代、近代、现代著名军事将领的先进军事思想和带兵打仗的经验，以及战斗英雄英勇作战的光辉业绩。

第二个特点是构思精巧，通俗生动，具备青少年科普读物的特点。青少年正处在长知识、打基础的时期，求知欲强，思想活跃，好奇爱问，喜欢追根问底。这套丛书采取一问一答的形式，抓住国防知识的热点和重点，从新的角度提出问题，引起青少年的关注和兴趣，然后结合讲战斗故事，联系斗争实例，介绍武器发明史，宣传著名军事人物的光辉业绩等回答问题，既讲清"是什么"的内容，又阐述"为什么"的道理，把国防知识、科学原理与实际事例巧妙地结合起来，把军事技术、武器装备与战争的战略战术有机地结合起来，把科学技术的内容与文学艺术的形式结合起来，把科学作品的知识性与国防事件的新闻性结合起来，融思想性、知识性、科学性、趣味性于一体。同时，还配置大量形象的插图，运用许多生动的比喻，加以描述，通过写人、写事、写物，让读者如见其貌，趣味盎然。

国防知识浩如烟海，本丛书篇幅有限，不可能全部写下来，我们只选择其中重要的基本知识和新颖的内容加以介绍，给大家提供一把开启国防知识宝库的钥匙，希望这套丛书能成为培养国防人才的引路灯和铺路石，成为中国青少年增长知识、发展智慧、启发学习兴趣、促进成才的亲密朋友，为普及国防知识、加强国防现代化建设贡献力量。

本丛书还有许多不足之处，望大家批评指正。

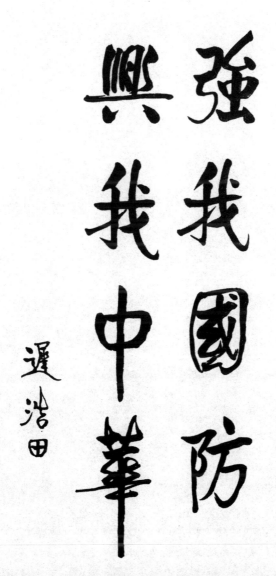

强我国防
兴我中华

迟浩田

时任中央军事委员会副主席、国务委员兼国防部部长迟浩田为《青少年国防知识》丛书题词

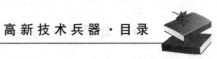

目　录

为什么核武器 50 年来没有
使用却依然风韵犹存

核武器是指利用原子核裂变或聚变反应，瞬间释放出巨大能量，造成大规模杀伤破坏效果的武器。从原理上讲，核武器主要有两种：利用裂变原理工作的叫原子弹；利用聚变原理工作的叫氢弹。按作战运载方式的不同进行分类：用飞机运载投掷的叫核航弹；用导弹运载的叫导弹核弹头；用火炮发射的叫核炮弹；此外还有核地雷、核深水炸弹等。

核武器出现至今已经历了 50 多年。它可以说是出现得最早的、威慑力最大的高技术兵器，一直受到各国的高度重视，核威慑一直是核大国的基本国策。1945 年美国在日本投下两颗原子弹，首次将核武器用于实际作战。随后，经过 1600 多次试验，核武器技术得到不断改善，水平越来越高，花样越来越多，但却再也没有在实战中用过。这是为什么呢？究其原因，首先是它的破坏力太大，而且不容易控制，一旦爆炸，所产生的高温、强光、强大的冲击波和电磁脉冲，以及放射性污染，不仅会不加区别地大量杀伤人员和各种动植物，大量摧毁建筑设施，而且会对自然环境造成长期不易消除的严重污染，正所谓"玉石俱焚"。因此，核武器的使用遭到了普遍的反对。其次是拥有核武器的国家已不只一个。除美国、俄罗斯、法国、英国、中国之外，印度、南非、以色列等都掌握了制造核武器的技术。美国、俄罗斯尽管在技术上和装备

原子弹爆炸产生的蘑菇云

数量上占有较大优势，但也十分担心别人会还击他们，因此也不敢为所欲为。于是形成了一种长达几十年之久的"恐怖的和平"局面。

近些年来，由于微电子、计算机、航天等许多高技术的蓬勃发展，相继出现了许多新奇而易于控制的高技术兵器，从而改变了以核武器作为唯一威慑手段的局面。尽管如此，它那实实在在的威慑作用仍是不可替代的。已拥有核武器的国家不会轻易放弃这种地位；有可能取得这种地位的国家仍在努力争取。眼下唯一可行的是设法限制核武器泛滥，不至于失控。

一种武器 50 年之久未曾用于作战，却依然风韵犹存，这在人类历史上也是绝无仅有的吧！

（吴于水）

为什么说火箭与导弹不是一回事儿

讲高技术兵器总要提到火箭，提到导弹。但是在一些国家里被称之为"导弹部队"的，在另一些国家却被叫作"火箭军"，因此常常有人把导弹同火箭混同起来，当成了一回事儿。其实，它们是两个既密切联系又不相同的概念。

火箭是我国古代重大发明之一。这种装置最本质的东西是能把所携带的某种工作物质在加热之后，向后高速度喷出，从而获得反作用力，推动该装置自身向前运动。所以，火箭是一种动力装置，即火箭发动机，靠它所产生的反作用推力，完成一种运载器的功能。所用的工作物质为液体形态的叫液体推进剂火箭；工作物质为固体形态的叫固体推进剂火箭。至于这些运载器用来运载什么，就大不相同了。用来将仪器设备送入高空进行科学探测的叫探空火箭，或气象火箭；用来将卫星、飞船送入空间轨道的叫航天器运载火箭，或简称运载火箭；用来投掷炸弹的就是火箭弹、火箭武器，或简称火箭。

在那些火箭武器中，装有专门的控制引导装置，从而使之能够灵活准确地击中目标的才叫导弹。按字面讲，导弹就是有制导能力的飞弹。但是必须注意，有制导能力的飞弹并不全是用火箭发动机作为推进动力。如巡航导弹就是用航空发动机为巡航飞行提供动力。

所以，准确地讲，导弹是依靠自身动力装置推进，由制导系统导

发射战略导弹

引、控制自己的飞行路线并导向目标的一种武器。

　　导弹由推进系统、制导系统、弹头、弹体四大部分组成。按发射点和目标位置可分为地地导弹、地空导弹、空地导弹、潜（艇）地导弹、空空导弹等；按攻击的目标分类，有反坦克导弹、防空导弹、反舰导弹、反雷达导弹、反弹道导弹等；按飞行方式可分为弹道导弹、巡航导弹；按作战任务可分为战略导弹、战术导弹；按射程可分为洲际、远程、中程、近程导弹；按推进剂物理状态可分为固体导弹、液体导弹、固液导弹；按弹头装药又可分为核导弹、常规导弹；按运载火箭的级数可分为单级导弹和多级导弹。

　　　　　　　　　　　　　　　　　　　　　　　　（吴于水）

为什么化学武器、生物武器常被人称做"穷国的原子弹"

近些年来，化学武器、生物武器常被人称做"穷国的原子弹"。这个俗称很形象地说出了生物化学武器的许多特征。

化学武器是以毒剂杀伤、疲惫敌方有生力量，迟滞敌方军事行动的各种武器和器材的总称。它包括装有毒剂的炮弹、航弹、导弹、地雷以及各种施放毒剂的器材。

同一般常规武器相比，化学武器具有许多特点：①杀伤途径多——染毒的空气可经呼吸道吸入，使人畜中毒，毒剂液滴可经皮肤渗透中毒，染毒的食品和水可经消化道中毒；②杀伤作用持续时间长——从几分钟、几小时直到几天、几十天；③杀伤范围广、威力大——染毒空气随风扩散，无孔不入，没有滤毒装置的车辆、工事都难以幸免，可以像核武器一样，不加区分地大量杀伤；④造价低廉——以杀伤1平方千米面积内的人员计算，用常规武器需要2000美元，用核武器需800美元，用化学武器仅需600美元；⑤制造容易——有些毒剂用现成的化工产品就能生产，有些毒剂原材料可以在市场上买到。

生物武器是利用能使人、畜和植物致病的微生物、细菌等进行大规模杀伤的武器，过去叫细菌武器。生物武器在使用方式、杀伤作用、制造、装备等方面具有许多同化学武器相类似的特点。因此，二者常被合称生化武器。

对一些经济、技术不十分发达的国家来说，发展和装备核武器有困难，而发展装备生物化学武器相对来说容易得多。这就是"穷国的原子弹"一说的由来。尽管早在 1925 年就签署了《禁止在战争中使用窒息性、毒性或其他气体和细菌作战方法的议定书》，后来又签署了有关的公约，但实际上化学、生物武器的威胁还远没有消除。

（吴于水）

航天器有什么军事用途

在 1991 年的海湾战争中，以美国为首的多国部队调用了约 75 颗军用和军民两用航天器，用以完成了 70％ 的侦察和 90％ 的通信任务，对本次战争胜利发挥了重要作用。所以，有些军界人士把这次战争称为世界上"第一次空间战争"。1993 年 12 月，美国空军成立了"空间作战中心"，赋予它的基本任务就是根据战场指挥员和空战人员的要求，迅速调配军用航天器，对战场作战提供有效的支援。

人造地球卫星问世以来，截至 1994 年底，世界各国共发射各类航天器（卫星、飞船、空间站、航天飞机和星际探测器等）4700 多颗，其中近 70％ 是军用的，主要是军事应用卫星——侦察卫星、导弹预警卫星、通信卫星、数据中继卫星、导航卫星、测地卫星和气象卫星。这些卫星上除装有通用设备外，都装有各种专用设备，因此可以用于侦察监视搜集情报，通信联络传递信息，导弹预警通风报信，导航定位指示方向，提供气象保障、测绘地形图等。

载人航天器——飞船、空间站、航天飞机等也可用于执行军事任务，充分发挥人的作用，完成无人军事卫星不能完成的任务。

天基武器——反卫星卫星、部分轨道轰炸武器、天基反导弹武器等进攻性武器的出现，对日益重要的军用航天器系统构成直接威胁。特别是天基反导弹武器，未来有可能成为削弱战略、战术弹道导弹进攻的新型防御武器。

随着航天技术，尤其是载人航天技术的不断发展以及航天器军事作用日趋重要，未来在地球上完全有可能出现新的军种——天军。

（韩文明）

为什么说弹道导弹仍是
军事斗争的一张王牌

1944 年 9 月 8 日纳粹德国首次向伦敦发射的 V-2 就是一种弹道导弹。其后弹道导弹作为一种极其重要的进攻性武器获得了巨大的发展，在很长一段时期中成为美苏争霸的一张王牌。目前全世界已有 40 个国家拥有多种弹道导弹，总数接近13450枚，正在研制和计划研制的还有大约 30 个型号。除了美、俄、法、英几个核大国拥有远射程弹道导弹，其余大多数国家所拥有的或研制的都是射程在 300 千米以内的战术弹道导弹。

弹道导弹就是用火箭推进、沿高抛物线弹道飞行的地对地导弹，其飞行弹道由主动段和被动段两部分组成。火箭发动机和制导系统仅在主动段飞行时工作，进入被动段后导弹做惯性飞行。弹道导弹同巡航导弹的最大区别是没有在大气中飞行时为保持升力所必需的翼面。

弹道导弹在主动段内垂直升空，达到一定高度后，在制导系统作用下调好飞行的速度、角度，沿预定的弹道飞向目标。

弹道导弹通常按射程分为：洲际弹道导弹（射程大于 8000 千米）、中远程弹道导弹（3000～5000 千米）、中程弹道导弹（1000～3000 千米）和近程（或短程）弹道导弹（小于 1000 千米），也可以按用途分为战略弹道导弹、战役（或战区）弹道导弹和战术弹道导弹；按结构特点分为单级和多级弹道导弹；按发射方式分为地地和潜地弹道导弹等。

尽管种类很多，但其基本构成大致相同，都是由一级或多级火箭发动机、弹体、制导控制系统、弹头几大部分组成，其主要战术技术指标都少不了射程、弹头重量、弹头威力、命中精度、弹头突防的能力、工作可靠性以及反应时间（从收到发射命令到发射出去所需的时间）等几大项。

弹道导弹的主要特点：只能攻击固定的目标，不能中途更改；绝大部分弹道处于稀薄大气层或外大气层内；弹头速度极高，难以及时发现，更难以实施有效地拦截。因此，在核武器未能消除的今天，装有核弹头的弹道导弹仍是核大国最重要的威慑手段。

（凌玉仁）

为什么用导弹能拦截飞行中的弹道导弹

弹道导弹已经问世50多年了。50多年来，带常规弹头的弹道导弹已经在多次战争中实战使用。由于弹道导弹飞行速度快、射程远，在20世纪80年代末以前，还没有一个国家能够在实战中防御弹道导弹的攻击。因此，人们一直把弹道导弹视为无法防御的进攻武器。1991年在海湾战争中，美国利用改进的PAC-2型"爱国者"防空导弹系统拦截伊拉克发射的"飞毛腿"型弹道导弹，使弹道导弹首次在实战中遇到了"克星"，从而结束了弹道导弹不能防御的历史。尽管"爱国者"导弹系统的防御能力并不像美国国防部公开宣扬的那样好，但至少表明用导弹拦截飞行中的弹道导弹是可能的。

防御弹道导弹是一项十分复杂的任务。首先，要用作为"眼睛"的各种探测器（如部署在天上的预警卫星和地上的雷达）发现敌方发射的弹道导弹并对其飞行进行跟踪。然后，配备有先进计算机和通信设备的指挥、控制、通信系统，要像人的大脑和神经中枢系统一样，根据探测器获得的信息，辨别出真正有威胁的导弹或弹头，计算出它们的飞行弹道，估计出它们要攻击的地点。最后，指挥确定用部署在哪里的拦截导弹进行拦截，并下达发射命令，引导拦截导弹飞向要拦截的目标。当拦截导弹飞行到预定的位置时，拦截导弹要用弹上的雷达或红外探测器自行捕获和跟踪目标，开始自主寻的（即自己寻找靶子）飞行直至摧毁目标。拦截导弹可以带核弹头；也可带破片杀伤弹头；还可以不带弹头，只靠拦截导弹与目标高速碰撞将目标摧毁，人们把这种先进的拦截导弹称为"动能杀伤拦截弹"。

　　海湾战争后，有越来越多的发达国家重视发展弹道导弹防御系统，其矛头主要是针对发展中国家的战区弹道导弹的，因此也称之为"战区导弹防御系统"。正在研究的这类系统五花八门，大致可分为三类。一类是"点防御"系统，主要用于保护占地较小的目标，如机场、港口及指挥中心等。这类系统只能在较低的高度（30千米以下）拦截来袭导弹，因此也称为"低层防御"系统。另一类是"区域防御"系统，主要用于保护较大的区域，如城市。由于这类系统要在较高的高度（40千米以上）拦截导弹，因此也称为"高层防御"系统。再一类是"助推段防御"系统，用于拦截敌方刚刚发射、仍在助推飞行中的弹道导弹，将其扼杀在襁褓之中，因此可以保护这些导弹要攻击的任何地区。前两类都是部署在地面或海上的系统，而第三类则要部署在飞机上或卫星上。目前在技术上较为成熟的弹道导弹防御系统是前两类。

（温德义）

巡航导弹为什么能成为海湾战争中的明星

1991年1月17日凌晨3时，一片宁静的巴格达突然响起震耳欲聋的轰炸声，这是以美国为首的多国部队对巴格达的首次空袭，从而拉开了海湾战争的帷幕。组成第一攻击波的包括54枚"战斧"式巡航导弹和30架F-117A隐身飞机。巡航导弹不仅是这次夜间空袭打先锋的武器，也是整个空袭作战中用于白天攻击巴格达市中心目标的唯一武器。在海湾战争中美国共发射巡航导弹323枚，在摧毁预定目标方面发挥了重要作用，受到世人瞩目。

其实人们对巡航导弹并不陌生，它问世于第二次世界大战。1944年6月纳粹德国装备部队的V-1导弹是最早投入使用的巡航导弹。这种导弹由发动机、制导系统、弹头和弹体四大部分组成。它应用空气喷气式发动机，主要以巡航状态飞行，故得此名。所谓巡航就是保持发动机的推力约等于空气阻力，气动升力约等于导弹重量，近似等高和匀速的飞行。二战后，美国研制了几种攻击地面目标的远程巡航导弹，而苏联主要研制执行反舰任务的战术型导弹。受当时技术水平限制，这些导弹尺寸大、精度低、可靠性差。不久美国就停止这项工作了。

随着技术发展，从20世纪70年代初起，美苏又把发展现代巡航导弹作为军备竞赛的新领域。"战斧"巡航导弹是个典型代表。现代巡航导弹的特点是：①体积小（长约6米）、重量轻（约1400千克）、弹翼可折叠，便于飞机、舰艇或车辆运载和发射，提高了武器系统的灵活性和生存能力。②飞行高度低（平地 15 米、丘陵 50 米、山区 100 米），雷达与红外特征信号小，防御系统难以发现和跟踪。③采用复合制导，命中精度高。例如常规对地攻击型采用惯性加地形匹配加景象匹配区域相关末制导，或利用 GPS（全球定位系统）进行导航定位加景象匹配区域相关末制导，误差不到 9 米。④可装不同弹头，多用性好。装核弹头的战略型射程 2500 千米，可用于摧毁核武器库等经过加固的目标；装常规弹头的反舰型，射程 460 千米，用于攻击护卫舰到航空母舰等中型、大型战舰。常规对地攻击型射程 920～1300 千米，用于攻击机场、防空系统、发电厂等重要目标。

正是这些特点，使巡航导弹成为海湾战争中的明星，也正是巡航导弹在海湾战争中的出色表现，使其受到越来越多国家的重视。

（刘显金）

飞机、军舰为什么能够隐身

魔高一丈，道高一尺。战场上作战双方之间的探测与反探测手段一直在斗争中攀升。特别是雷达、红外等探测手段发展起来以后，飞机、军舰等大型军事装备要想不被对方发现，那实在是太难了。然而近些年来，由于高技术的迅速发展，出现了专门躲避雷达探测、红外探测、声探测等的高级隐身技术，使得这场斗争进入了一个崭新的历史时期。

所谓隐身，不是真的能使大型军事装备完全消失了身影，而是运用

瑞典"斯米盖"隐身舰

某些办法让对方的探测系统难以发现，从而提高突防兵器的生存能力。既然对方是靠探测电、光、热、声、磁等的辐射（统称信号特征）来发现、跟踪的，那么只要设法降低己方装备的这类信号特征，使敌方探测系统降低甚至失去作用，那就叫作隐身。因此，人们又把隐身技术叫作"低可观测性技术"，或者称之为"战场上的障眼法"。

目前发展较快的是飞机对雷达的"隐身"技术。飞机实现对雷达"隐身"的主要技术途径：

（1）合理设计飞机外形，使飞机外形不仅能减弱反射雷达波的强度，还能使各方向的雷达波相互抵消，使敌方收到的回波能量降至最少。尽量消除飞机外露突起部分，使机身形成一种平滑过渡的曲线形体。

（2）在飞机的表面涂以吸波材料，在飞机结构中采用吸波材料和透波材料，使飞机反射的雷达波大大减少。

F－117A 隐身战斗机

（3）在机载电子系统设计中设法使其天线保持与机身一体化，如采用共形相控阵多功能天线和透镜馈电的多波束天线、"智能蒙皮"天线、齐平安装天线、嵌入式宽波段天线等，尽量减少辐射电磁波。

（4）采用积极的电子措施，让飞机金属体表面在受到雷达波照射时，产生一个与雷达回波频率相同、极化相同、幅值相等、相位相反的电磁波，与雷达回波相消，从而使对方难以探测。也可以采取电子干扰和抑制飞机电磁辐射等措施达到隐身的目的。

隐身技术在现代战争中起着举足轻重的作用，它的应用能使参战兵器提高作战效能和生存能力，提高突防成功率，是新一代突防兵器取胜的关键。

近几年来，美、英、法、日、俄、德等国家都在竞相发展隐身技术，迄今，已有一些隐身战斗机、隐身巡航导弹、隐身舰船相继研制成功，有的已投入战场使用。如F-117A隐身战斗机已经服役；B-2隐身轰炸机已研制成功，开始服役；F-22第五代战术战斗机已装备部队。

（王春兰）

为什么定向能武器飞行方向是笔直的

枪炮等武器射出的子弹都要受到地心引力的影响，弹丸飞行的轨道（弹道）总有一定的弯曲度。要击中目标，一是必须用"抬高枪口"的办法修正弹道；二是弹丸从离开枪（炮）口到抵达目标总要花一些时间，因此在打击移动目标时必须预先设置一个"提前量"，就是说"到前面去拦击目标"。不论是"抬高枪口"还是设置提前量都只能靠估算，因此射击总难免脱靶。然而，近些年来出现的定向能武器完全有可能改变这种情况。

定向能武器是利用沿一定方向发射与传播的高能射束去攻击目标的一种新型兵器，也叫射束武器或能束武器。目前在研究发展的定向能武器有激光武器、粒子束武器和微波武器。它们的共同特点是射出去的东西几乎"没有质量"，所以不受地心引力的作用，飞行"弹道"是笔直的；能量高度集中，以光速或接近光速传播，直接射向目标，又快又准，瞬发即中，难以躲避；通过控制射束，可快速转换攻击方向，反应灵活；只对目标本身或其某一部位造成破坏，不会像核武器、生物武器、化学武器那样造成大范围的附加损害。定向能武器既可用于电子战，也可用于破坏或摧毁目标的硬杀伤，如拦击飞机、卫星和各种导弹等。

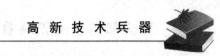

　　总的来说，定向能武器目前仍处于可行性研究阶段，还有许多技术难题有待解决。但是一旦成功投入应用，将会对未来作战，特别是对战略防御产生巨大的影响。

（楚于蓝）

激光武器为什么被人称做"死光"

　　说到激光武器，自然离不开激光。在短短几十年的发展史中，这种奇特的"光"曾一度被蒙上一层神秘的面纱。对于大多数人来说，由于最初对其了解不多，加之想象中的巨大威力，曾或多或少地产生过一种恐惧心理。如今，随着高技术的进一步发展，从昔日"珊瑚岛上的死光"到近些年的"星球大战"，已经把人们过去的"幻想"变为现实。这层神秘的面纱也逐渐被揭开了。

　　激光是丰富多彩的电磁波家族中的一支，它的特殊"性格"表现在能量密度高、单色性好（即频率较集中）、方向性强（即能沿一定方向传播，扩散很小）。激光武器是以激光束能量对目标进行杀伤破坏的武器。由于激光的优异特征，使得激光武器具有一些有别于传统常规武器的突出特点：一是快速性，激光以30万千米/秒的速度传播，这是目前人类所认识到的自然界中物质能量传播的最快速度，因此，在绝大多数情况下，以激光射束攻击目标，无需像常规兵器那样考虑"提前量"，而是能瞄准就能打到，命中率极高。二是灵活精确，不存在后座力，能迅速变换攻击方向，用极窄的光束精确对准目标的某一部位进行攻击。三是抗干扰，现有的军事电子干扰手段很难对其产生影响。

　　激光武器主要由高能激光器、瞄准跟踪系统和光束控制与发射系统三部分组成。高能激光器是产生和发射激光的装置，是一个"满载的弹仓"。由初级能源提供能量，随时可以发射激光束。现在主要研究发展的激光器有：二氧化碳激光器、化学激光器、准分子激光器、自由电子激光器和核泵浦激光器等。瞄准跟踪系统的作用相当于"人眼和瞄准镜"，对目标进行瞄准和跟踪，使激光射束在目标上停留一定的作用时间，产生有效的破坏。光束控制与发射系统是用来把激光束聚成一能量密度很高、分散很小的射束，准确射向目标的装置，就像控制子弹弹道的枪管，它一般由大型的反射镜组成。

由于高能激光束的能量很大，目标上的材料被击中后会受热融化，被烧蚀成洞，甚至在材料受热不均的情况下，膨胀爆炸，并能产生高强度辐射，破坏目标内部构造。这对人体以及一些常规武器，如飞机、导弹甚至坦克都构成极大威胁。

根据用途和能量的强弱，可将激光武器大体上分成三类：①激光干扰或致盲武器。这类武器能量较弱，能使人的眼睛受伤，造成暂时或永久致盲，也可使一些光电系统及装置失灵，在战场上干扰和破坏敌方侦察、测量和制导设备，并对士兵构成心理和生理上的威胁。②战术激光武器。其能量较强，主要应用于近程（几十千米）作战，能破坏飞机、战术导弹、坦克等兵器。③战略激光武器。其光强度极大，功率很高，将被用来拦截洲际弹道导弹和军用卫星等远程目标。

随着激光技术的不断发展和日益成熟，激光武器的研制也有了进一步发展。目前已有一些轻型激光武器在军事大国装备部队。当然，人们对激光及激光武器的认识在逐渐加深，对抗、防护措施得到关注和发展。过去的盲目的恐惧感可能会有所减轻。

（秦致远）

为什么说微波武器必将成为未来
战场上的一颗"新星"

　　微波是指波长为1毫米至1米的电磁波，因其波长比通常在电台广播中采用的中短波的波长短，故称之微波。微波武器就是利用微波能量对目标进行杀伤和破坏的定向能武器，也称微波波束武器或射频武器。

　　微波对于人们来讲并不陌生，平常的卫星电视、通信都离不开微波。但作为武器的微波，其功率要求很高，而且像激光武器那样，要以较窄的射束发射出去，以提高能量密度，增强破坏力。

　　微波武器作为一种军事高技术的成果，有其自身的特点：①微波射束以光速传输，且波束较宽。现有的任何兵器均难以躲避，所以命中率高；②它具有一定的方向性，能集中对某一目标进行打击；③微波波束在空气中传播，受空气或其他粒子影响较小；④具有很高的功率。

　　同激光武器相比，高功率微波武器的研究与发展起步较晚，目前实际应用的还不多。其主要原理是把电磁能、化学能等初级能源经过一些转换，变成高能量、高速度的电子束流。在一些微波器件中，电子与电磁场作用，将能量转交给场，对外辐射微波。采用定向的发射天线将微波以射束形式发射出去，攻击目标。到达目标后，微波或通过"前门"（天线、传感器）大大方方地进入目标内部，或通过"旁门"（小孔、缝隙等）悄悄地进入，干扰或毁坏电子设备。当然，这种高功率微波对人体也有杀伤作用。

不难看出，一套微波武器系统由能源、高功率微波发生器、天线和其他配套设备等几部分构成。在其攻击方式上，可以分为单发的脉冲微波弹和多脉冲重复发射两种形式。

微波武器的作战效能可分为两大类。一类是对人员的杀伤。较弱的微波辐射可使人产生神经紊乱、头痛、情绪不稳、记忆力减退等症候，称"非热效应"；而受到较强微波辐射后，会使皮肤灼伤、眼睛失明乃

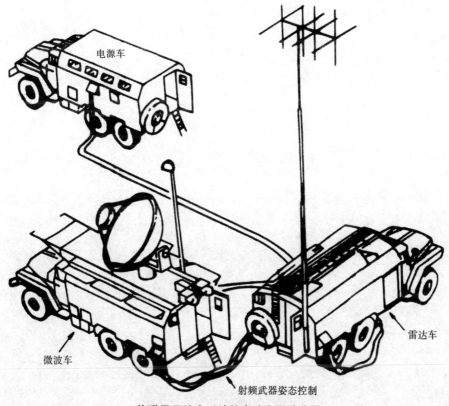

苏联用于防空系统的高功率微波武器

至死亡。第二类是对电子设备等器件和系统的"杀伤"。微波辐射能干扰通信或导航设备，使控制、指挥系统失灵，甚至烧毁电路中的元器件，引爆炸弹、导弹、核弹等。就是说它兼具"软杀伤"（即不破坏设备，不杀伤人员）和"硬杀伤"（破坏设备，杀伤人员）的能力。

现有研究表明，微波武器可用于攻击飞机、导弹、坦克、舰船、通信器材、雷达、计算机等多种目标。人们越来越认识到它的重要性，在不久的将来，微波武器必将成为战场上的一颗"新星"。

（秦致远）

为什么粒子束武器将成为
空间防御的主要武器

粒子束武器，顾名思义，就是利用微观粒子构成的方向性好、能量集中的射束去摧毁目标的武器，也被称为"束流武器"。

我们知道，物质的基本组成成分是电子、质子、中子这些微粒。一般情况下，这些微粒的动能很小。但是当大量微粒被加速到接近光速，并汇集成一条极窄的射束时，它们就构成了一"颗"动能巨大的"炮弹"，也就是粒子束武器。

与激光、微波武器不同的是，粒子束武器利用的是粒子的动能，在大部分情况下对目标进行硬破坏，因此其破坏威力更大。

粒子束武器是针对战略弹道导弹和军用航天器的发展而出现并发展的。它主要由高能电源、粒子产生装置、加速器和电磁透镜等组成。高能电源通过储能和转换形成高电压脉冲，在粒子束发生装置内产生电子束，电子束在加速器中加速到接近光速，再由电磁透镜中的磁场箍缩聚焦，以一股狭窄的束流射出。

粒子束武器的"炮弹"射速快，射击时一般不计提前量；能量高，能使目标材料熔化、断裂，并透过外壁破坏内部设备，使目标失控，也可引爆其战斗部分；灵活，能在百分之一秒内改变射击方向。此外它还能在各种气象条件下使用。

粒子束武器通常可分为陆基、舰基、天基等几类，也有近、中、远程之分。由于其威力巨大，破坏机理更容易被人接受，日益受到世界各国的重视。但是，它对电源能量要求很大，加速器体积庞大，容易受地磁场或其他空间场影响而偏向，中性粒子虽然不会因外场作用而偏向，但加速较困难，所以技术难关较多，目前主要处于研究阶段。

尽管如此，粒子束武器作为空间防御的主要候选者之一，它的研究与发展必将给未来战争带来巨大影响，将使作战空间扩大，使作战形式复杂，使时间观念更强，为未来的战争增添神奇的一幕。

（秦致远）

为什么夜视器材能使夜幕变得单向透明

　　人们不会忘记美国在近十年来采取的军事行动：1983 年 10 月 25 日凌晨 5 时，美军入侵格林纳达；1986 年 4 月 15 日凌晨 1 时，美军空袭利比亚；1989 年 12 月 20 日凌晨 1 时，美军入侵巴拿马；在 20 世纪 90 年代初的海湾战争中，以美国为首的多国部队的军事行动有 70%～90%是在夜间进行的。

　　美军为什么总是在夜间采取军事行动呢？因为它已初步做到使夜幕变得对它"单向透明"了，而且它已装备了大量现代化的夜视器材。

　　什么是夜视器材？夜视器材就是在夜暗条件下能获得各种可见图像的器材。夜视器材按照工作方式分为两种：主动式与被动式。前者如主动红外夜视仪，被动式的有微光夜视仪、微光电视和红外热像仪。

　　主动红外夜视仪的工作原理是由红外探照灯向目标投射人眼看不见的近红外光，再用红外夜视仪中的红外变像管，对由被观察目标反射回来的红外光进行接收并放大，最后在荧光屏上生成目标的光学图像。主动红外夜视仪出现于第二次世界大战期间，在 20 世纪 70 年代以前一直是主要的夜视器材，其优点在于成像清晰。但由于需使用红外光源照射，隐蔽性差，因此，进入 20 世纪 70 年代便为被动式夜视器材所取代。

　　微光夜视仪是从 20 世纪 60 年代开始迅速发展起来的一种被动式的

成像系统，到目前为止已发展到第三代。由于微光夜视仪直接利用像增强器将空中微弱的自然光（包括月光、星光和大气辉光）增强，以获得人眼能够看得见的图像，最终实现微光夜视观察，因此克服了主动红外夜视仪容易自我暴露的致命弱点，该类夜视仪是目前使用最广泛的一种。但是，由于微光夜视仪主要靠目标反射的夜光工作，所以它的作用距离与观察效果受气候条件影响很大，不适于在有烟、雾以及漆黑的环境中使用，强光下也不能正常工作。

以上提到的夜视器材都是利用目标的反射光线成像的。热成像夜视仪与它们不同，是靠接收目标自身的红外辐射（一切物体，只要其温度高于绝对零度，就会有红外辐射）来工作的，所显示的图像反映了目标与周围环境之间的热辐射（温度）的差异。热成像仪虽然在20世纪70年代才得到发展，但是由于克服了主动夜视仪容易暴露以及微光夜视仪环境适应能力差等缺点，其发展潜力十分巨大。

在陆、海、空三军中，以上述三种夜视仪为基础的夜视器材主要有三类：①用于各种武器瞄准用的夜视瞄准具；②用于驾驶各种车辆、飞机、舰船的夜视驾驶仪；③用于观察、监视用的夜视观察仪。

此外，热成像夜视仪还可装在卫星上对地面做大面积的监视、侦察、实施战略预警。

（孙宇军）

为什么不杀伤人的器械、装置也叫武器

武器不就是军事上用来杀伤人，破坏敌方主作战装备、设施的东西吗？枪、炮、导弹等人们熟悉的武器，其基本特征就是致命。然而随着现代高新技术的发展和应用，一种与传统武器具有不同机理和功能的非致命武器正在崭露头角，且日益引起人们的注意。

试想一下，当敌方坦克在道路上行驶时，突然紧紧地粘在地上寸步难行；战斗正酣，突然敌军士兵个个困倦难忍，倒头就睡，这不是稳操胜券的大好事吗？这些都归功于非致命武器。

所谓非致命武器，就是那些既不杀伤敌方人员，又能使他们暂时失去战斗力；既不摧毁敌方武器装备又能使之暂时或永久瘫痪的武器。

那么非致命武器是利用什么来达到目的呢？它们是根据人的生理特点及武器装备的结构、使用特点，利用化学物质、射频、声束等，通过特定的方式使他们失能或失效的。

目前发展较快的非致命性武器主要有：

低能激光武器。用它产生的低能激光束照射敌方人员和装备，可使人员暂时失明、武器装备的传感器失灵。

微波脉冲武器。它发出的高能微波脉冲可干扰人员的神经系统和内脏的功能，破坏装备的电子系统。

次声武器。它发出人耳听不到的频率低于 20 赫兹的次声波，造成人员的神经性麻痹。

计算机病毒。它能使武器控制系统的中枢——计算机无法正常工作，从而使指挥瘫痪，操作失灵。

针对人员的化学失能剂。如镇静剂、发笑剂、致幻剂等，它们可使人暂时丧失自控能力，而无法战斗。

针对武器装备的生物、化学物质。如泡沫体、胶黏剂、聚苯乙烯颗粒、橡胶破坏剂、润滑剂、汽油凝固细菌等。它们可以使敌方的飞机、坦克、车辆、舰船等装备，或发动机熄火，或紧紧胶黏在跑道、道路上，或轮胎变形脆裂，或让飞机在超滑的跑道或甲板上无法起降……

可用作非致命性武器的物质还很多，有待于人们的开发研制。

与传统杀伤性武器相比，大多数非致命性武器有着取材方便、结构简单、用途广泛、生产容易、造价低廉、使用灵活、简便、威力巨大等特点。它们不杀伤人员、不摧毁装备设施，但却照样能够达到传统的武器所要实现的目的——赢得战争，当然应该叫武器。

（陈健苹）

为什么有的炮弹会自己寻找攻击的目标

你听说过炸弹、炮弹会自己寻找目标、识别目标、选择目标和攻击目标的事吗？其实，这已不是什么新鲜事，世界上许多国家都已经拥有这种炸弹和炮弹了。

过去打仗时，要打敌人后方的目标都用飞机去轰炸；要打敌人的坦克大都用大炮去轰击。据统计，用这种办法，要炸毁敌人的一个地面重要目标往往要用几十颗甚至几百颗炸弹；要消灭敌人一辆行走中的坦克常常要用几百发甚至上千发炮弹。之所以要用这么多炸弹、炮弹，是因为过去飞机投的那些炸弹、大炮发射的那些炮弹，都是些"呆弹"。说它们"呆"，是因为它们从飞机上投下以后，或者用大炮发射出去以后，飞行的路线就不能改变了，投偏了就一偏到底，就打不到目标了。它们自己不会在中途修正飞行路线，更不会自己寻找目标。投得准不准，打得准不准全靠飞机驾驶员或大炮射手的本事。

现在人们已发明了自己能修正飞行路线，自己能寻找目标、发现目标、攻击目标的聪明的武器，并给它们起了名字叫"精确制导武器"。为什么叫它"精确制导武器"呢？因为这些武器上面都装有一个精巧的电脑系统或者由电脑与小型的寻找目标用的装置（叫传感器）组成的系统。炸弹、炮弹等武器装上这种系统就变得聪明起来了。人们把这种能使"呆弹"变聪明的系统叫做"精确制导系统"，把装有这种系统的武器统称为"精确制导武器"，或者叫"聪明的武器"。这种武器基本上可以做到你想叫它打哪儿它就能打到哪儿，你要它打什么目标它就去打什么目标。

现在有哪些武器可称之为"聪明的武器"呢？就目前来说主要有两类。第一类是导弹，比如飞机在空战中用的空对空导弹，从飞机袭击地面目标用的空对地导弹，从地面上发射拦截飞机用的地对空导弹，从地面上发射压制对方地面目标用的地对地导弹等。这类武器的共同特点是自己装有发动机和小型电脑系统，发射以后，它靠自己带的发动机产生的力，推动自己向前飞，靠自己带的小型电脑系统修正飞行路线，并把自己引向要打击的目标。第二类是精确制导弹药或者叫聪明的弹药。比如装有小型电脑和寻找目标装置的炸弹、炮弹以及炸弹和炮弹里带的小弹药等。这类弹药比导弹更聪明，它们的特点主要有两个：①它们中的大多数自己都不带发动机，特别是小弹药要用像导弹这类武器把它们送到敌方目标区上空抛撒出来，小弹药再自己去找目标、攻击目标；②它们中的大多数都装有由小型电脑加小型的寻找目标装置组成的系统，因此，它们都会自己找目标、识别目标，有的还会从许多目标中挑选重要的目标进行攻击。简单地说，这些弹药都在一定程度上拥有人的本事。

人的本事有大有小，这些聪明的弹药，由于它们上面所装的装置不同，其聪明程度也有高有低。人们按照它们的聪明程度将其分成三类：第一类，聪明程度较低的叫"制导弹药"。这类弹药一般用来打距离比较近的目标，用它们的时候，需要人帮它们找目标，帮它们瞄准。第二类，聪明程度中等的叫"灵巧弹药"。这类弹药一般用来打距离比较远的目标，应用时，它们自己会找目标、会识别目标和攻击目标，不用人帮忙。第三类，聪明程度最高的叫"智能弹药"。它们是用来打远距离目标的，它们找目标的本事更大，目标藏起来了它们也能找到，它们不仅能识别目标，而且能从许多目标中挑选最重要的目标进行攻击。随着科学技术的发展，聪明弹药用的电脑系统将越来越先进，聪明的弹药也将越来越聪明。

（张维德）

为什么电炮没有火药也能发射

提到炮，人们自然会想到火药，因为千百年来火药一直是枪弹、炮弹、火箭得以飞行的动力源。火炮火炮，没有火药，炮弹寸步难行，火炮将完全失去作用。不过时至今日，这种情况已发生了重大的变化：近些年来，应用电能作为动力源的"电炮"——电热炮、电磁炮（根据加速器结构的不同又可分为导轨炮、线圈炮）等的研究工作取得了相当大的进展，引起了人们的重视。

例如，在美国，麦克斯韦尔实验室的 90 毫米口径单发导轨炮在 1991 年已成功地发射了 1.58 千克重的炮弹，初速度达到 3.3 千米/秒，炮口动能达到 8.6 兆焦耳；正在改进电源并建造可提供 40～100 兆焦耳射弹动能的电磁发射器。同常规火炮相比，电磁炮的优点是弹丸初速大（理论上可达到20千米/秒以上），在防空、反坦克、反弹道导弹等军事领域有着广阔的应用前景，也有可能用作小型卫星的发射器。由于弹丸很小，又不使用推进剂，因而简化了后勤供应。

美国圣地亚实验室尚在研究中的线圈炮样机在 1990 年 4 月曾使一枚 5 千克的弹丸达到 335 米/秒。准备建造的长 600～700 米，直径 550 毫米，有几百级线圈，倾角约为 30°的全尺寸线圈炮，能向地球近地轨道发射带有 61 千克有效载荷的重达 1050 千克的弹丸。线圈炮具有弹与炮不接触、无摩擦、无焰烟、无噪声、适于大口径重载荷发射、效率高等优点，同样有着广阔的应用前景。

（莫　舞）

为什么用电子设备也能作战

在当今世界的军事领域里，除有陆战、海战、空战之外，还有一种无形的战争，那就是电子战。对许多人来说，电子战仍蒙有神秘的面纱。那么，究竟什么是"电子战"？所谓"电子战"，通常是指敌对双方利用无线电电子设备所进行的斗争。其目的在于使敌方电子设备性能降低或完全失效，并保护己方的电子设备性能不受干扰并能充分发挥效能。其基本手段包括电子侦察、电子干扰、电子摧毁和电子防御。它在现代战争中的主要作用是破坏敌方作战指挥，使之通信中断，雷达迷盲、指挥失灵，火炮、导弹等武器失控，以保卫重点目标，或掩护己方部队突防和攻击。

电子战在海湾战争及以前的若干次局部战争中发挥了重要作用，引起了军方人士的高度重视。电子战技术装备已经成为现代化军队军力结构的重要组成部分。当前，电子战技术装备概括起来主要有以下三大类：

1. 电子战支援技术装备。用于对敌方电磁波进行搜索、侦收、标定并迅速分析其性质、位置，为作战行动提供有关情报，为实施干扰、欺骗和电子防御提供依据。电子战支援技术装备主要包括：雷达告警接收机，通信、雷达侦察接收机，通信、雷达测向定位系统，光电侦察报警设备等。这些装备可装载在作战飞机、舰船、车辆上，也可单兵携带。还有装载这些装备的专用的电子侦察卫星、（高空）电子侦察飞机、电子侦察船和地面电子侦听站等。

2. 电子干扰设备。用于对敌方使用的电磁波进行干扰和欺骗，削弱或破坏敌方电子装备效能。电子干扰设备又分两类：

（1）有源干扰机。它可主动发射或转发电磁能量，扰乱或欺骗敌方电子设备，使其不能正常工作，甚至无法工作或上当受骗。这种干扰机有两种干扰样式，一种是压制性杂波干扰，发射杂波信号将目标信号淹没，使敌方接收机无法分辨出目标；另一种是欺骗性回答式干扰，发射或转发与目标反射信号或敌辐射信号相同或相似的假信号，达到以假乱真的目的。

（2）无源干扰器材。它依靠本身不产生电磁辐射但能吸收、反射或散射电磁波的干扰器材，使敌方探测器效能降低或受骗。常用的有金属箔条、各种形状的角反射器、红外诱饵（曳光弹）和烟幕弹等。现多用涂敷各种轻金属的玻璃纤维或尼龙纤维代替金属丝。现在许多投放器与电子侦察设备交联，由计算机控制自动投放。

3. 反辐射导弹。它被称作雷达的杀手，也称反雷达导弹。这种导弹的导引头实际上是一部无源雷达，它利用对方的电磁辐射自行导引，专用于摧毁对方辐射源及其载体。具有代表性的如美国的"哈姆"高速反辐射导弹，它在海湾战争中曾大显身手。

另外，在电子战的战术使用上和技术设计上，目前许多国家都采用了反侦察、反干扰和反摧毁的措施，这是电子防御的主要手段。

高技术武器装备的高度电子化，使电子战变得更为复杂和激烈，专用电子战飞机也应运而生。这种飞机集电子战支援、电子干扰和反辐射导弹攻击于一身，成为电子战场上的生力军。例如美国的 EF-111A、F-4G 和 EA-6B 等专用电子战飞机，它们在海湾战争中为多国部队的胜利立下了汗马功劳。

在现代战争条件下，电子战是一种攻防兼备的高效率的力量倍增器。电子战技术装备已不再是一种作战支援装备了，而变成了除陆地、海洋、空中之外的第四维战场——电子战场上的主要作战兵器。

（吴文昭）

为什么中小国家偏爱中小型航母

　　享有"海上浮动机场"美誉的航空母舰，具有强大的突击威力、高度的机动能力和全面的防御能力，因而深受各国海军所喜爱。目前，世界上共有9个国家拥有30艘以上航母。不过，由于航母尤其是大型航母的高昂费用，故令许多中小国家对其望而却步。

　　时至20世纪90年代初，真正拥有大型航母的实际上只有美、俄两家（美国12艘，俄罗斯仅1艘）。其余的中小国家之所以更偏爱中小型航母是有其原因的：一是中小国家财力有限，其军费也有限，所以不可能拨出大量款项去建造和购买航母。以美国"林肯"号航母为例，其费用高达45亿美元，若加上1个航空联队及7艘战舰组成的航母战斗群，总费用竟达140亿美元。这对一些中小国家来说是难以想象的。为此，中小国家只好把精力放在造价较低的中小型航母上。例如英国的"无敌"号航母造价约5亿美元，西班牙"阿斯图里亚斯王子"号为3亿美元，泰国新造的航母"差里克·王朝"号约为2.85亿美元。二是科学技术的飞速发展，接连出现实用性能较好的垂直/短距起落飞机和直升机。这些飞机或直升机只要求较短的滑跑、起飞距离，3万～4万吨的航母甲板基本上可满足起降、停放的需要。尤其是近些年来滑橇式飞行甲板的成功应用，使得飞机的起飞距离可以进一步的缩短。三是中小国家发展中小型航母完全可以满足维护本国海洋利益和有限海域作战的需要，它不必像美国大型航母那样需要实施远洋作战。四是建造中小型航母及配套的舰载机联队，乃至整个航母战斗群的建造时间与技术远比大型航母要短和简单得多。

中小型航母发展现已越来越引起世界各国海军浓厚的兴趣。除现有的 7 个国家外，另有不少国家正在着手建造或设计各种中小型航母。有关专家预测，中小型航母热今后将更风靡。

（李　杰）

为什么有的航母要采用滑橇式甲板

要回答这个问题，不妨先看一看现役航空母舰的飞行甲板。众所周知，当今世界上最大的航母——"尼米兹"级航母，其飞行甲板长不过330多米，远无法与陆地机场相比。舰载机从舰上起飞，即使采用弹射器，由于消耗能量大，因此很不经济。如果作战中一旦被炸弹击中，一时半载难以修复，就将严重影响起飞作战。再看中小型航母，其飞行甲板的长度更无法与大型航母的飞行甲板相比。如英国"无敌"级航母，

美"尼米兹"舰母

它的标准排水量为 1.95 万吨，飞行甲板长只有 167.8 米，要在这样短的飞行甲板上起飞舰载机，即使采用弹射器，也仍然困难较大。为此，无力发展大型航母的一些国家的海军就把目光注视到了垂直起降和短距起降飞机上。

垂直起降飞机有其独到的长处，可以直上直下，占飞行甲板的面积极小。但是，它垂直起飞时，要求飞机的推重比很大（1.20 左右）。如此一来，机上燃油和武器就不能多带，从而会使作战半径大受限制，大约只有 100 千米；同时搭载武器少，攻击威力将明显降低。

如何解决这一矛盾呢？英国一位工程师在发明了滑橇式甲板后，终于使原先的难题迎刃而解。滑橇式甲板即在飞行甲板前端设置有一定倾斜角的甲板。相较之下，滑橇甲板结构比较简单，费时费工不多，对零件精确度和装配精度的要求也不高，且毁坏后很容易修复，建造周期也很短。利用滑橇甲板，舰载机无须滑跑多长距离，就可在离舰后的瞬间达到足够大的安全迎角，产生足够大的升力，起飞升空。重达 30 吨的苏-27K，也只需滑跑 100 米，就能从"库兹涅佐夫"号舰母 12° 的滑橇式甲板上跃起升空。就连推重比不很大的苏-25、S-3 等类飞机，也可以利用滑橇式甲板在较短距离内起飞升空。

滑橇式甲板的益处是显而易见的。因此，除英国、苏联外，印度、西班牙、意大利等国的航空母舰均改装了滑橇式飞行甲板。特别需要指出的是意大利的"加里波第"号小型航空母舰，它的标准排水量只有 10100 吨，飞行甲板长仅 173.88 米，前端设有倾斜度 6.5° 的滑橇式甲板，不仅可以短距起飞"鹞"Ⅱ改进型飞机、"海鹞"Ⅱ飞机等，而且其载机数量与英国"无敌"级载机数量大体相当。

（李　杰）

为什么许多战舰纷纷安装"宙斯盾"系统

"宙斯"是希腊神话中的主神,"宙斯盾"顾名思义为其保护盾,寓意法力无穷、威力无比。

美国海军早于 1964 年即开始研制"宙斯盾"防空系统,20 世纪 80 年代初该系统便逐步装备舰艇。1986 年 3 月 24 日,装备了"宙斯盾"系统的美"提康德罗加"级导弹巡洋舰等三艘军舰组成的特遣舰队,率先闯入利比亚在锡德拉湾南部规定的"死亡线"。利比亚出动 2 架飞机、发射了 6 枚导弹进行袭击,结果无一奏效。这在很大程度上归功于舰上的"宙斯盾"系统。

"宙斯盾"防空系统的核心部件是 A. /SPY-1A 型相控阵雷达。这种雷达设有 4 个天线阵面,呈八角形,它们以板阵形式分别安装于舰的上层建筑四周;每个天线阵面就可覆盖 90°以上的方位角和高低角,4 个天线阵面就可覆盖 360°,因而不必像转动的雷达天线那样靠旋转来搜索四周的目标。每个阵面上排列有 4480 个类似蜻蜓复眼的辐射源。它的作用距离达 370 千米以上,可同时跟踪和处理 154 个目标,并可对导弹进行制导。使用这种相控阵雷达,再辅以 A. /UYK-7 计算机、武器控制系统、火控系统、导弹发射系统和"标准"舰空导弹,便构成了一套完整的舰载防空武器系统。

鉴于"宙斯盾"系统集目标搜索、处理、跟踪和攻击为一身,具有

装有"宙斯盾"系统的美"提康德罗加"级巡洋舰

快速反应、对抗饱和攻击的能力，因而美国海军对其格外偏爱：不仅在"提康德罗加"级导弹巡洋舰"安家"，而且也将它搬到"阿利·伯克"级导弹驱逐舰上，只不过改配了 AN/SPY-1A 的简化型——A./SPY-1D雷达。

相控阵雷达的特殊性能，引起了其他国家海军的极大关注和兴趣，许多国家纷纷加入装备和研制行列。日本海军的"金刚"级导弹驱逐舰称得上是继美国"提康德罗加"级巡洋舰之后，又一成功建造"宙斯盾"系统的典范。该舰装有与"伯克"级完全相同的 A./SPA-1D 相控阵雷达，且在前、后甲板上各设 1 组 MK-41 垂直发射导弹，共载导弹90枚。此外，苏联的"巴库"号航母、北约的新型护卫舰等也都相继装设了类似"宙斯盾"的新型防空系统。

相控阵雷达除了上述优点，还采用了大量重复的组件构成，所以万一其中一个天线阵面遭受严重破坏，搜索区也只减少四分之一，整个雷达系统仍可继续工作，具有较高的可靠性。

装设"宙斯盾"系统的战舰无论平时、还是实战都显露头角。为此，尽管它的造价昂贵，许多战舰依然趋之若鹜，纷纷装设。

（李　杰）

为什么"海幽灵"战舰能隐身

1983年美国洛克希德公司即开始研制隐身战舰。仅仅2年时间，一艘名为"海幽灵"的隐身战舰便多次在美国旧金山附近海域进行海上试验。

尽管这艘"海幽灵"还算不上真正的隐身战舰，且它的排水量也仅560吨，航速只有13节，但它的问世却有极特殊的意义，很有可能对未来海战产生重大的影响。

"海幽灵"之所以能够隐身，在于它与常规舰艇有着许多明显的不同：首先，它的舰体结构采用了一种高性能的小水线面双体船设计。该舰的整体形状为等腰三角形，舷侧倾斜角度正好是45°。"海幽灵"号舰体外部没有装设烟囱和船桅。舷侧采用45°，可使来自侦察卫星和飞机、舰艇的雷达波不按原方向反射回去，因而使雷达截面最小（即来自上方的雷达波向水平方向反射，来自水平方向的雷达波向上方反射）；舰首、尾采用"V"字形平面也可达到相同的目的，即使飞机或卫星能在某一位置接收到强烈的反射，也只是一瞬间。

其次，对上体舷侧与下体连接的支柱贴敷有雷达波吸收材料，以防止舰体底面和两侧的支柱与其所包围的海面形成反射电磁波的通道。

第三，"海幽灵"对水下噪声和红外辐射进行了较有效的控制。舰上采用了柴油电动机，柴油机装设在上船体的中部，电动机装在下船体内。相比之下，柴油机比蒸汽轮机、燃气轮机所需要的通风换气口要小，而且震动也小。发动机据称是通过热交换机向海水中排放热量。排出的气体也排放到海水中，使气体溶于海水，以降低热量的散发，从而达到降低红外辐射的目的。

"海幽灵"隐身舰艇主要用来执行秘密偷袭和输送等任务；此外，还可作为一种海上隐蔽的导弹发射平台，接受卫星转输的目标参数，实施导弹攻击。

（李　杰）

为什么说"伯克"级驱逐舰是当今世界上最出色的驱逐舰

美国海军"伯克"级驱逐舰是当今世界上最大、最先进的驱逐舰。其满载排水量 8373 吨，几近巡洋舰的吨位。

"伯克"级驱逐舰在多方面有独到之处，非以往任何一级驱逐舰可以比拟：第一，良好的隐蔽性。舰体和上层建筑均做成倾斜面，以使对方的雷达波形成散射，从而大幅度减弱回波信号。在烟囱的排烟管末段设置了冷却排烟温度的红外抑制装置，可使高温烟气排出前先混入大量冷却空气，达到降温以抑制红外辐射信号的目的。此外，在机舱段的舰体外表装设有"气幕降噪"管路，从管路小孔里喷出高压空气，以形成舰体外表的气泡消声层，充分起到降低辐射噪声的作用。

第二，较高的生命力。"伯克"级作战指挥室和通信中心都设置在主舰体内，指挥舱室、机舱和电子设备舱均使用"凯夫拉"装甲材料。全舰设置了防护核、生化武器的过滤通风系统；所有的出入口都装设双重门或盖，采用了增压措施。全舰除烟囱用铝合金外，其余全部采用钢结构。所有重要设备和系统都有抗冲击加固，能经受水下和空中爆炸的冲击。在防火的钢质隔壁上还敷设有特种陶瓷材料。

第三，很强的攻击力。该级舰在舰首、尾各装有一组垂直导弹发射装置，首组 29 个单元，尾组 61 个单元。各发射单元可通用于"战斧"

巡航导弹、"标准"SM-2MR 舰对空空导弹和"阿斯洛克"反潜导弹（并拟装"海长矛"导弹）。"战斧"导弹首次装设于驱逐舰，该型弹具有袭击陆上目标和海上舰船的能力。不仅如此，在尾组垂直发射装置前方还设有四联装"捕鲸叉"反舰导弹发射架 2 座；首组垂直发射装置之前，设有 MK451 型单管 127 毫米炮 1 座；在上层建筑前后端装有"密集阵"6 管 20 毫米炮各 1 座；两舷设 MK32 三联装反潜鱼雷发射管各 1 座；尾部的直升机平台可对 2 架直升机进行加油和补充弹药。

第四，出色的适航性。"伯克"级采用长宽比 7∶5 的宽短线型。这种线型具有极佳的适航性、抗风浪性和机动性，能在相当恶劣的海情下保持高速航行，且横摇和纵摇极小。

第五，杰出的探测性。该级舰的天线由 4 块八角形的固定式辐射阵面构成，借助计算机对各阵面上的发射单元进行 360°的相位控制；不仅扫描速度快、精度高，而且可以同时搜索和跟踪上百个空中和海上目标。系统的 Λ./SPY 1D 相控阵雷达参数可迅变，具有极强的抗干扰能力，并能消除海面杂波的干扰。

（李　杰）

为什么"黄蜂"级两栖攻击舰备受青睐

"黄蜂"级两栖攻击舰是美国海军第一级装备新型气垫登陆艇和改进型"鹞"式垂直/短距起落飞机的多用途两栖攻击舰。

与"硫黄岛"级和"塔拉瓦"级两栖攻击舰相比,"黄蜂"级设备更先进、性能更优、作战指挥能力更强。该级舰可作为两栖登陆作战的旗舰使用,舰上设置有两个作战中心:登陆部队作战中心和海军陆战队作战指挥中心。

该级舰满载排水量为 4.05 万吨,飞行甲板长 250 米、宽 32.3 米,最大航速 23 节,可以 20 节航速连续航行 10000 海里。舰上机库最多可容纳 42 架 CH-46"海上骑士"直升机。舰首、尾各有一部飞机升降机。当执行制海任务时,舰上配备有 20 架"鹞"式飞机和 6 架 SH-60B"海鹰"直升机。此外,该级舰还可搭载 CH-53D 或 E"海上种马"直升机、CH-46E"海上骑士"直升机、UH-N"易洛魁人"通用运输直升机、AH-1T"海眼镜蛇"武装直升机。舰上还可携带 3 艘 LCAC 型气垫登陆艇或 12 艘机械化登陆艇。使用直升机和气垫登陆艇,"黄蜂"级两栖攻击舰可从较远的距岸水域对敌方岸上目标实施垂直和快速登陆,减少敌方的火力打击;并利用较高的航速和良好的机动性,增大突然性和提高生存能力。

美"黄蜂"级两栖攻击舰

　　"黄蜂"级两栖攻击舰舰载武器相当多。舰尾和岛式上层建筑前部各装有一座八联 RIM-7M 型"海麻雀"舰对空导弹发射装置；岛式上层建筑前部和舰尾部两侧各装设一座 6 管 20 毫米口径的"密集阵"近程防御武器系统；8 座单管 12.7 毫米通用机枪；4 座六联装 SBROC 箔条干扰火箭发射装置。这些武器与直升机、"鹞"式飞机等构成多层防空火力网。

　　"黄蜂"级两栖攻击舰对外通信系统有 27 个发射信道、42 个接收信道和 43 个收发信道。舰上装有对海搜索雷达、对空搜索雷达、三座标雷达和目标探测雷达及 OE82 卫星通信天线。此外，有 SLQ32 电子战系统和 SLQ25 鱼雷欺骗装置。

"黄蜂"两栖攻击舰还有良好的医疗设施。其飞行甲板下方有一个 600 张病床的医院；除了 6 个手术室，还有 4 个牙医室、一个 X 光室、一个血库和若干化验室。

"黄蜂"级两栖攻击舰设施齐全、性能突出，它备受青睐是在情理之中的。

（李　杰）

为什么有的国家要发展潜水航母

世界上首架飞机问世后的 15 年（即 1918 年），第一架潜艇专用的小型双翼机问世并首航成功。从 1925 年起，潜水航母再度出现应用的好势头。美、英、法、德、日等国争先恐后，发展各自的潜水航母。其中尤以第二次世界大战末期，日本海军建造的 2 艘伊-400 超级潜艇（水下航母）最为成功。该艇艇体内可搭载 3 架轻型轰炸机。

但是，由于受各种条件的制约和技术限制，在潜水航母上无法建造像航空母舰那样大的甲板，起初舰载机起飞只能采用弹射器弹射或海面滑行的办法。不过降落就出现了麻烦，需要使用吊车等专用装置将它回收。因此，传统的潜水航母及其舰载机起降方式显然不符合现代海战的要求。

20 世纪 70 年代末以来，美国等为数不多的国家为了更有效地应付局部战争和突发事件，实现快速部署的需要，决定重新研制新一代潜水航母，使其隐蔽性更强、机动性更好、作战威力更大。据透露，美国最新型潜水航母采用了英国发明的"天钩"系统。这样，在载机起飞前，大型潜艇便浮至海面，将舱盖推开；活动自如的起重机沿滑轨升出舱外，由升降臂上的抓斗将垂直起落飞机抓起并转向舷外，待飞机发动机的推力达到一定值时，随即松开。飞机先做横向运动，偏离军舰，然后径直高速前飞。飞机的降落顺序与此相反，先飞至起重机附近悬停，然后由"天钩"抓斗将其抓住，收回艇内。这种潜水航母能搭载 6 架"鹞"式垂直起落飞机，以及 2 架直升机，并能装载一支水陆两栖部队。除"鹞"式飞机外，美海军还计划为潜水航母研制一种喷气式的水上飞机。该机的特点是两台发动机设在机翼上部，以免进气道进水。飞机腹部设一 V 型可收放式水橇。起飞时，整个后掠式三角翼置于水面，水橇支起，当飞机加速至 185 千米/时时离水，升空后即收回水橇。眼下该型机还存在抗浪性较差、机体易腐蚀等弊端，尚须进一步改进。

（李　杰）

为什么弹道导弹核潜艇具有
较大的威慑作用

1959 年 12 月，美国最先成功地把弹道导弹"移植"到核动力潜艇上，孕育出"乔治·华盛顿"级弹道导弹核潜艇。从此，弹道导弹核潜艇能够在水下隐蔽发射射程较远的导弹，且能以高度机动性改变发射阵位，成为"三位一体"核打击力量中极其重要的一员。

在冷战时期，美苏两家竞相发展弹道导弹潜艇，意欲力拔头筹。苏联是世界最早发展弹道导弹潜艇的国家（但不是最早发展弹道导弹核潜艇的国家），截至 20 世纪 90 年代初已发展 5 代弹道导弹核潜艇。其中第五代"台风"级弹道导弹核动力潜艇满载排水量达 2.65 万吨，艇上搭载的 SS-N-20 导弹最大射程为 8300 千米，可携带 7 个分导弹头。美国海军从"乔治·华盛顿"级算起，先后研制了 4 代弹道导弹核潜艇。排水量最大，且最新一代的弹道导弹核潜艇为"俄亥俄"级。该级艇共可携载 24 枚射程达 11000 千米的"三叉戟"Ⅱ型导弹，每枚导弹又装有 14 个分导弹头。此外，法国海军也发展了 3 代，英国海军研制了 2 代。

弹道导弹核潜艇的威力确实使人悸魄。以美国"俄亥俄"级核潜艇所载的"三叉戟"D-5 导弹为例，艇上共载 24 枚，每枚带 12 个分导弹头，每个弹头的爆炸能量为 15 万吨梯恩梯当量，一艘艇所携带的爆炸

英"前卫"级弹道导弹核潜艇

能量高达4230万吨梯恩梯当量,其威力相当于3500颗投掷在日本广岛的原子弹。其最大射程11000千米,成为名副其实的洲际弹道导弹(可从全球任一水域攻击任何一个目标)。别看它射程远、威力大,弹头的命中精度还相当高,其圆概率误差只有90米。当然,还有很重要的一点:核动力潜艇续航力强,可以远离基地长期在水下航行。它还可以凭借海水作掩护,潜入较深的水中,利用水下较高航速,使对方难以探测、搜寻。一旦需要,弹道导弹核潜艇却能立即占据最有利的发射阵位实施战略突袭或核反击。

(李 杰)

为什么苏联"台风"级潜艇
要采用与众不同的艇体结构

　　苏联海军的"台风"级潜艇是当今世界止最大的潜艇，其水下排水量 2.65 万吨。该艇的艇体结构采用新颖独到的设计，即两个耐压艇体并列在宽敞的非耐压艇体内。这种结构使得与美国"俄亥俄"级艇长大致相等的"台风"级（"台风"长 170 米、"俄亥俄"级长 170.5 米），它的宽度几乎等于前者的两倍（"台风"级艇宽 23 米、"俄亥俄"艇仅宽 12.8 米）。此外，在指挥台围壳下还设有直径约为 6 米的第三个耐压艇体。

　　从这种奇特独到的艇体结构和布局，可以看出苏联设计师超凡不俗的设计思想及较符合现代海战的特点。首先，并列耐压艇体加上指挥台围壳下的第三个耐压艇体所形成的品字结构形式，具有艇体强度高、抗破坏性好、生命力强等优点。即使水下航行时一部分设备发生故障或被对方击中损坏，彼此独立、各自安装的主推进装置依然可以工作，继续进行航行或作战。第二，分开两个耐压艇体可以把居住舱和工作舱分开，有利于配置设备，改善居住条件。而且两耐压艇体由于直径相等，因此十分有利于制造。第三，指挥台围壳下方的小耐压艇体，艇体短、直径小，其内设有攻击中心和通信室，较好地解决了潜望镜的安装问题。此外，覆盖在小耐压艇体上的隆起的指挥台围壳，既长且坚固，可使得在导弹发射前穿过固态冰层时经得起出水的冲击。

"台风"级潜艇的首水平舵也与Y级和D级核动力弹道导弹潜艇不同，不再是安装在指挥台围壳的上部，而是移到了艇首。不过，它安装在较前端，以便在控制潜艇时能发挥最大的作用。这种首水平舵还可收缩，可收回到非耐压艇体的开孔处，以减少在冰区水域被损坏的危险。

由于"台风"级特殊的艇体结构，因此它的浸水面积要比美国"俄亥俄"级约大65％。加上它的首端为球体状，指挥围壳过于庞大，阻力和噪音等都存在不少问题。为此，苏联海军对该级艇采取了许多措施，例如尽量减少流水孔，铺设消声瓦等。这些消声瓦既可降低艇内的辐射噪声，又可减弱敌方声纳信号的反射，大大减少敌方鱼雷攻击的可能性。

（李　杰）

为什么俄罗斯 A 级核潜艇能潜深近千米

时至 20 世纪 90 年代初，俄罗斯海军的 A 级攻击型核潜艇仍是世界上跑得最快（水下最大航速达 42 节），潜得最深（极限深度 900 米，破坏深度为 1350 米）的潜艇。

早在 1970 年，第一艘 A 级核潜艇即已建成问世；此后苏联海军陆续建造了多艘。A 级核潜艇装备精良：首部 6 具鱼雷发射管，带有 18 枚线导反潜鱼雷，既能反潜又能攻击水面舰艇，可装 200 千克左右的高爆炸药和 2 万吨级的核弹头。该级艇还装有 6 枚 SS-N-15/SS-NX-16 导弹，可从鱼雷管发射。

A 级攻击型核潜艇还装有与武器装备相配套的声纳、雷达、导航、通信和电子战等设备，的确令许多国家海军舰艇生畏。当然，最令西方国家海军吃惊的还是它的航速和潜深。尤其是后者，相当于美国最先进核潜艇潜深的两倍左右。就连美国近年刚服役的 SS-N-21 "海狼"级潜艇潜深也只有 600 米上下。

A 级攻击型核潜艇的极限深度能达 900 米，主要得益于以下两方面：首先，该级艇采用了钛合金材料来建造耐压壳体。钛合金具有优异的性能，其密度只及钢密度的一半略大，但抗拉强度却比 HY-80 钢还强42%。在结构重量相同的条件下，钛合金潜艇的潜深是钢壳潜艇的 2～3 倍。它的抗腐蚀性能也远远优于钢壳潜艇。钛合金还有无磁性的显著优点，由钛合金建造的潜艇在航行时不易被对方磁探仪发现，可使装磁引信的水雷和鱼雷失效。其次，前苏联掌握了钛合金艇壳装配焊接的关键技术，解决了焊接中材料和温度等一系列难题。当然，钛合金也并非百利而无一弊：钛合金在重载下有"蠕变"效应，限制了它在最大潜深下的工作次数和时间。

由于Ａ级攻击型核潜艇具有潜深和航速快两方面优势，因而一般潜艇难以与之抗衡；就连一些航速在50节以上的鱼雷，也受潜深限制，只能望其兴叹。

（李　杰）

为什么法国"红宝石"级核潜艇备受推崇

在世界各国海军形形色色的攻击型核潜艇中，最小的非法国海军"红宝石"级莫属。一般来说，攻击型核潜艇的水下排水量大多在4500吨以上，而"红宝石"水上排水量仅2385吨，水下也只有2670吨。

法国海军之所以格外推崇"红宝石"级核潜艇，就在于地中海是法国海军的重要活动场所。而这一海域的许多地方海水较浅，大型核潜艇不但不能发挥装备精良的优势，反而成为劣势，甚至连航行安全都难以保障。与此相反，小巧安静的"红宝石"核潜艇却可以扬长避短，在浅水海域里大显身手。

"红宝石"虽是攻击型核潜艇家族中最小的一员，但它所装备的武器系统却是世界一流的。一是"红宝石"装备了各种先进的声纳和火控系统。如DSUV-22型综合声纳，主要用于远程被动搜索、警戒，引导主动攻击声纳和被动测距声纳工作，以对目标进行精确定位和测定。该声纳有92个换能器，能同时跟踪12个目标。二是除声纳外，艇上还装备有2部具有热成像、激光测距功能的潜望镜（热像仪可在夜晚或低能见度条件下发现10千米内的舰船）及若干部雷达。

该艇首部装有4具533毫米鱼雷发射管，既可发射反潜、反舰两用鱼雷，又可布放FG29型水雷，还可发射SM-39"飞鱼"反舰导弹。尤

法国"红宝石"级攻击型核潜艇

其是"飞鱼"反舰导弹可从 50 千米以外的水下隐蔽发射，而后掠海飞行，对敌舰实施突然攻击。

"红宝石"号的最独到之处，大概要数艇上的 CAP 型压水反应堆了。正是由于有了这种小尺寸反应堆，才使建造一艘小型的、具有远洋作战能力的核潜艇成为可能。CAP 型反应堆可保证"红宝石"号在中速和低速航行时停闭主循环泵，使潜艇噪声明显降低，从而在一定程度上保证了潜艇的安静性。"红宝石"号还采用了电力推进方式，使噪声更进一步降低。

该级艇吨位尽管不大，但由于自动化程度高，又具有很不错的空调系统和住舱，所以工作和居住条件并不差。"红宝石"最大潜深为 300 米，最大航速 25 节，加上武器装载量及其他条件所限，它比起大中型攻击型核潜艇还有一定的差距。不过，如果把它与吨位相同的常规潜艇比，其优越性非后者可同日而语。总之，从机动性、隐蔽性、

造价、攻击力等几方面来综合考虑，它兼收并蓄，因而深受法国军方所喜爱。

近年来，法国海军为了填补水下机动反潜兵力，除研制成"紫水晶"级攻击型核潜艇外，同时对"红宝石"级核潜艇进行改装，提高其反潜作战能力。

（李　杰）

为什么一些国家要发展地效飞行器

最早应用"地面效应"原理研制成世界上第一艘地效飞行器的是芬兰工程师卡里奥于 1935 年完成的。二战前后，地效飞行器因一些关键技术没能解决，因而进展迟缓。20 世纪 60 年代，科学技术的发展，使这种飞行器重新出现契机。苏、美、英、德等国根据本国的特点和需要，先后推出了实用型地效飞行器。从 1965 年起，苏联就在里海水域实验各种小型地效飞行器。1966 年被西方国家称为"里海怪物 A"的地效飞行器首飞成功。该飞行器总长 92 米，翼展 37 米，巡航速度 400～450 千米/时。不久，起飞重量 120 吨、飞行速度 350 千米/时的"里海怪物 B"也开始小批量生产，并在部队试用。

德国于 1977 年研制成一种用于巡逻和救护的地效飞行器，重量只有 1500 千克，有效载荷 500 千克，巡航速度 148 千米/时。近年来，德国在客运地效飞行器开发中颇具特色，很有建树。其中，"TAF"Ⅷ-10 型地效飞行器起飞重量为 120 吨，长 68 米，翼展 29.6 米；可乘坐 400 人，或运载 40 吨货物。

目前从事地效飞行器研制和发展的国家并不多，尚有不少人对这种尖头宽翼、形态奇特的飞行器多少有点陌生。其实，它的工作原理并不复杂深奥：飞行器在贴近地面或海面运行时，流经其下表面的空气由于为地面或海面所阻，流速减慢，压力增大；而流经其上表面的空气流速加快，压力减小，于是上下表面产生压力差，使压力额外增加。一般来说，离地面（海面）越近，压力差越大，增升效果就越明显。

地效飞行器所具有的特性，使其在民用，尤其在军事上展示出极为广阔的应用前景：它良好的隐蔽性、机动性、适航性和安全性，将使未来作战样式发生不小的变革；它可掠海飞行，降低敌雷达和红外探测系统的发现概率，从而实施突袭；它既可在水上航行，也可低空飞行，还可在草地、沙漠、沼泽地、雪地、冰上一定高度疾驰；它的航速是普通舰艇的 10 倍，是气垫船的 2～3 倍，就连直升机也望尘莫及，因而便于通过滩头鹿砦等障碍，一举飞越对方滩头阵地，直接进攻对方防御纵深地区。此外，它可在飞行中随时倒退、悬停或垂直起降。地效飞行器万一发生机械故障，还能降浮于海面航行。总之，地效飞行器可从事反舰、防空作战，可担负反潜、灭雷任务，可执行沿海、岛屿和海上编队之间的补给和运输等任务。在登陆作战中，地效飞行器将改变传统的登陆方式，进一步扩大登陆场的选择范围，增强登陆行动的突然性，提高上陆速度和作战保障能力。

（李　杰）

为什么遥控飞行器和旋翼机适合搭载于潜艇

早在一战时期，各国海军就打算在潜艇上搭载侦察飞机，以扩大潜艇的搜索侦察范围。1916年，德国研制了两架袖珍飞机装载于经过改装的潜艇中。1919年，美国SI潜艇的指挥塔后机库里搭载了两架小型飞机，初步试验结果令人满意。1925年，英国皇家海军也进行了艇载小型飞机的试验。二战中，日本研制的伊-400型潜艇搭载飞机，远程空袭了美国西海岸。

与此同时，德国海军也专门制造了在潜艇上使用的"阿拉多"Ar231飞机，不过，这种飞机并没有在实战中得以应用。倒是一种设计巧妙、制造精细的旋翼机派上了用场。德国制造的Fa330旋翼机没有动力装置，主要靠潜艇拖曳前进而产生升力，因而其结构十分简单，重量也轻。该旋翼机上端有桨毂和桨叶，尾部装有方向舵、垂直尾翼和水平尾面，但没有升降舵。旋翼机的桨叶长366厘米，总重为159千克，当相对风速达40千米/时时，这种旋翼机就能起飞。当旋翼机升至150米左右时，靠绞索绳保持。侦察任务完毕后，艇上绞车能将旋翼机收回到潜艇上。如不再使用旋翼机时，可把机身、旋翼轴、尾翼、桨叶等分解开，分别装到两个圆形密封储存筒内。

但相对来说，旋翼机还是落后了。为此，二十世纪六七十年代以来，各国海军开始关注一种速度快、机动性强、使用方便和能快速识别目标的遥控飞行器，希冀用它们来克服潜艇被迫上浮和艇载雷达作用距离较短的不足，以执行探测目标、中继制导和早期预警等任务。

在已问世为数不少的艇载遥控飞行器中，令人称道的有英国"鬼怪"遥控飞行器和加拿大"哨兵"遥控飞行器。尤其后者，别看它体积小，最大起飞重量仅 190 千克，但操作方便、维修简单。它可飞至3000 米高度，用其探测装置探测 200 余千米的目标。美国海军还专门研制了一种从水下潜艇里发射的遥控飞行器，它入水后先通过自身电源驱动推进器前进，然后对应急浮筒快速充气，使其急速上升浮出水面，最后靠飞行器动力推动离水起飞执行任务。

时下，潜艇载遥控飞行器还存在着在恶劣气象条件下难以操纵和飞行时间过短等弊端，这些都已列入攻关课题中。相信不用多久，定将崭露头角。

（李 杰）

为什么有的常规潜艇要安装
不依赖空气的动力装置

　　常规动力潜艇水下航行时必须使用通气管，以吸气排气驱动柴油机，这很容易暴露自己，降低隐蔽性。如果潜入深海，靠蓄电池提供电力驱动推进电动机，又受电池容量的限制，无法长时间潜航。长期以来，这一难题一直困扰着各国海军。于是，尽量增大下潜时间，发展新型的常规潜艇的动力装置，就成为人们绞尽脑汁、梦寐以求的攻关项目。目前，一些国家相继研制和推出了闭式循环发动机、过氧化氢装置、燃料电池和斯特林发动机等不依赖空气的动力装置，并展示出了极美好的前景。

　　瑞典的"哥特兰"级新型潜艇是世界上第一级安装斯特林发动机的作战潜艇。该级潜艇与众不同之处是在潜艇柴电动力装置的基础上，加装一斯特林发动机系统作为辅助动力装置。加装之后，潜艇的水下低速航行时间便增至2～3周，航程可达数千海里。近年来瑞典又新开发了第二代斯特林发动机。它的燃烧系统是碳氢燃料以纯氧助燃来实现燃烧，并且是在高压下进行的。一旦液氧用完后，潜艇上仍保留有一套传统的动力。新一代斯特林发动机不仅适合现役潜艇的改装，同时也可有效地用于新设计的潜艇。

　　为了适应下世纪潜艇的需要，德国海军通过分析、比较，已经认定闭式循环柴油机和燃料电池是两种最有发展前途的推进系统。前者采用一部标准的柴油发动机，将发动机排出的废气通过物理方法净化，再把少量单原子体，诸如氩气等加入净化后的废气中混合，使混合后的气体进入发动机开始下一个循环过程。燃料电池则利用艇上携带的氢和氧作为燃料，在特定的燃烧室内进行化学反应和电解转换，然后直接输出直流电驱动推进电机作为动力。由于它是由化学能直接转为电能的，艇本身不必设置转化机械部件，因此无噪声辐射。此外，燃料电池可直接输出直流电，无需发电机和变压器等能量转换机构，所以不存在机械能和电能的损耗，它的电能转换率高达 60%。德国海军新一代 212 级常规潜艇，是世界上第一艘装备燃料电池的潜艇。试验表明，使用燃料电池的潜艇以 4.5 节航速在水下航行时，潜航时间可达 278 小时（近 12天）。

（李　杰）

为什么一些国家重新兴起微型潜艇热

　　微型潜艇的故乡在意大利。第一次世界大战期间，势单力弱的意大利曾用一个形似雪茄的黑色人操鱼雷奇袭了普拉港，首创了微型潜艇打大舰的记录。当时，这艘意大利微型潜艇仅长 7 米，艇舷边挂有两块炸药。然而，直到二战前，微型潜艇的发展速度相对变得缓慢。二战战火燃起不久，微型艇又被德、意、日三国视为取胜的"法宝"，先后建造了 500 余艘。

　　微型潜艇的真正腾飞是在 20 世纪 70 年代末、80 年代初。80 年代初的瑞典水域经常出没一些不明水下物，瑞典海军费尽心机，采取了各种反潜措施，最终还是让"水下怪物"逃之夭夭。经过探测及水下拍摄，已证实这是一种特殊的微型潜艇，长 28 米，潜航时的最大速度6.5 节。

　　多年来，意大利始终重视微型潜艇的研制和发展，生产过不少性能极佳的微型潜艇。其中最著名的是 SX506 微型艇，它的长度为 23 米、宽 2 米，水面和水下时速分别为 8 节和 6 节，最大下潜深度 100 米，能以 7 节时速航行 1000 海里。艇上不仅装有两具鱼雷发射管，还可携带多型炸弹。更令人称奇的是，该微型艇还小中藏小，其"腹"内竟装有两部更小巧的超微型潜艇。这种超微型艇长 7 米、重 2 吨，可下潜至 60米，能以 3.5 节时速航行 43 海里。原联邦德国的 MSV70 型微型潜艇也是该领域中的佼佼者。该艇长 18 米、宽 3.8 米，水面和水下航速分别为 8 节和 11 节；最大下潜深度 140 米，能以 6 节时速航行 1000 海里。该艇平时可装 2 具鱼雷发射管，如果需要可换装 6 个水雷。真可谓艇小威力大！

为了更有效地执行和完成侦察、破坏、反恐怖等项作战任务，美国海军特种部队近年来也配备有数十艘微型潜艇。它们主要分为 2 人艇和 6 人艇两种，时速都是 6 节。2 人乘员潜艇潜航时艇内灌满海水，艇员必须穿潜水服，戴氧气罩；而 6 人乘员潜艇潜航时艇内不必充水，与常规动力潜艇相似。

不久前，西方国家杂志披露了俄罗斯海军"剪刀鱼"级微型潜艇的清晰照片与介绍。这说明俄微型艇的技术已日臻成熟，并已批量生产。由此看来，微型潜艇以其小巧玲珑、神秘莫测的机动能力和作战本领，正越来越被一些国家看好，并兴起建造热。

（李　杰）

为什么机器人潜艇可执行各种任务

"机器人"潜艇，又名"罗伯特"潜艇。实际上，它是一种水下无人遥控艇。美国海军早于 20 世纪 60 年代即进行这方面的研究和试验，充分证实它具有"不怕死"、潜深大、机动灵活、改装维修方便、用途广泛等特点，并已涉足于各种战场。

机器人潜艇可从事潜艇战或反潜战。它不必像载人潜艇那样冒巨大的人员伤亡或沉没风险，因此可作为假目标引诱敌潜艇，再与其他兵力协同歼敌。它还可以潜伏于敌潜艇经常出入的基地进行水下跟踪，随时将可靠的数据源源不断地传输给有关部门。

机器人潜艇也可以从事水雷战。装设有特殊探测装置的自行式反水雷遥控潜艇，能够安然无恙地通过敌水雷场，绘制出每个水雷的具体位置并存贮起来。它还能引导己方或友军潜艇及水面舰艇顺利地通过雷区。此外，它能为己方雷场提供维护和巡逻警戒，确保己方水雷的安全，而不被对方排除或破坏；同时它还能穿梭于雷场航道之间，确保敌潜艇不乘隙穿过。

机器人潜艇还可以从事侦察任务。该型艇使用被动声纳可以侦察广阔的海域。它可采用固定式水下音响监视系统的主动探测源，或使用拖曳阵列监视传感器系统，并自动发射探测波给作战平台。同时，它还可以利用体积小、隐蔽性好的特点悄然潜入敌港口、基地，实施侦察、收集情报等。

目前，有关设计师正研制用潜艇的鱼雷发射管发射机器人潜艇，并拟逐渐用它来部分替代现有的鱼雷和导弹。试验证明：潜艇、水面舰艇，以及直升机和固定翼飞机都能有效地使用机器人潜艇，但其中以潜艇最为理想。

前不久，美国海军还用它完成一项通信试验：用它抛放出一次性使用的通信浮标，待浮标迅速浮至海面后便可作为数据传输线路，与岸站或舰艇或飞机进行通信联络。

机器人潜艇已显示出不凡身手，为此美海军已拨款加紧发展，以有效地执行 21 世纪的水下特种作战任务。

（李　杰）

为什么深潜器能在水下军事活动中大显身手

据说，最早的深潜器是一位名叫亚历山大的国王精心制作的一个玻璃容器。用它下潜到海底，可以观察水下神秘的世界。经过千百年的发展，如今的深潜器已发展成为一个庞大的家族。主要可分为有人深潜器、无人深潜器和遥控深潜器等。这些大小不一、形状各异的深潜器无论在深海资源开发与勘探、海洋调查，还是在执行水下军事任务中都已大显身手，而且在执行很多项特殊任务中，还真非他莫属。

1960年1月，瑞士学者皮卡德和沃尔什乘坐改进的"的里雅斯特"号深潜器在太平洋的马里亚纳海沟下潜到10919米，创造了下潜深度的最高记录。20世纪60年代以后，这种深潜器即被美国海军租用，并在吸收其优点的基础上，相继推出性能更优的深潜器。其中，根据深潜器潜深的不同和任务的需要，美国海军着重发展深潜救援艇和深潜搜索艇。深潜救援艇主要是用来从沉没的潜艇中救出遇难人员，一次可救出多名遇难艇员。深潜搜索艇则主要进行深海调查、搜索和回收等。继"的里雅斯特"号深潜器于1964年成功地打捞过"长尾鲨"号核潜艇的残骸之后，1966年"阿尔文"号、CURV-I号和"阿鲁明纳"号也从地中海海底打捞出一颗坠海的氢弹。实际上，在这场打捞活动中，人们发现CURV-I号竟是一个能模仿人进行某些活动的机械人。它装有电动推进装置、水下电视摄像机、声纳设备和打捞机械手等，最大工作深度为

2100米，可以代替人去从事一些危险的作业。

鉴于无人深潜器不需人操纵，即使发生危险，也不会损伤人员，因而各国海军都对其发展格外重视。无人深潜器还可再细分为系缆式和无缆式。系缆式顾名思义必须由母船通过缆索传输电力和信号，这种深潜器在进行军事活动中易暴露目标；无缆式行动自主，不受干扰，且十分隐蔽。

总之，深潜器所能执行的军事任务除上述提及的那些外，还能从事侦察、扫布雷、试验与回收鱼、水雷，以及观察武器的水下发射情况等。

（李　杰）

为什么美苏两家竞相发展巡航导弹

1959 年美国第一艘弹道导弹核潜艇建成服役以后，美国即全力发展攻击威力大、命中精度高和射程远的弹道导弹，巡航导弹由此受到冷遇，发展骤然中止了下来。后来起步的苏联海军虽然装备巡航导弹时间较晚，但一直把它作为攻击美航空母舰等大中型舰艇的重要武器，发展极为迅速。苏联共研制服役了四代巡航导弹：第一代为 W 级的长筒型配置，即在指挥台围壳两侧设置 4 具呈 20°仰角的固定式发射筒，发射筒用导流罩与指挥台围壳和潜艇甲板连成一体。第二代是 20 世纪 60 年代以后建成的 J 级和 E 级巡航导弹核潜艇，其中 E-Ⅱ级水下排水量 6200 吨，装 8 枚导弹。第三代的代表是 C 级，载 10 枚巡航导弹。第四代"奥斯卡"级巡航导弹核潜艇，水下排水量达 1.4 万吨，装有 24 枚 SS-N-19 巡航导弹。

一度退出竞争的美国海军在以色列"埃拉特"号驱逐舰在第三次中东战争中被埃及的"蚊子"级导弹艇击沉之后，又赶上航母数量锐减，原先八面威风的航母战斗群变得不敷使用，难以应付，于是决定重振旗鼓。美国海军十年砺一剑，终于研制成功"战斧"巡航导弹。"战斧"导弹开发之初就制定了能从潜艇、水面舰艇或飞机上发射的通用原则：三种弹的尺寸完全相同，且都具有很大的威力。弹上装有精密的导引装置，命中精度很高，又可贴着海面飞行，对方雷达难以发现。"战斧"

导弹包括对陆攻击型（战略用和战术用）、对海攻击型三种。"战斧"巡航导弹的最大优点，是可以从已服役潜艇的鱼雷发射管发射，因此无须像苏联那样专门建造巡航导弹核潜艇。如今，美国核动力攻击型潜艇普遍装备"鱼叉"反舰导弹和"战斧"巡航导弹。"洛杉矶"级核动力攻击型潜艇的 32 号艇之前都采用鱼雷发射管发射，而从第 32 号艇之后全改为专用的垂直发射筒，以增大发射率。

美国"战斧"巡航导弹的出现，使俄罗斯海军在巡航导弹领域落伍了。为了缩小差距，俄海军加速开发了据称是"战斧"翻版的 SS-21 巡航导弹。不难预见，美俄两家今后在此领域还会激烈竞争下去。

（李 杰）

为什么不少战舰装设了导弹垂直发射系统

世界上第一艘装备导弹垂直发射系统的国家是苏联，而不是美国。苏联"基洛夫"级导弹巡洋舰比美国舰艇早五年装备了导弹垂直发射系统。

顾名思义，导弹垂直发射系统是导弹的纵轴线与舰艇基准平面成垂直状态的导弹发射装置。这种系统与传统的导弹发射系统相比，具有诸多突出的优点：一是反应时间短、发射率高。导弹垂直发射系统只需一秒就能发射一枚导弹，比起传统的导弹发射系统，发射率提高了5～10倍。美国MK41导弹发射系统，弹库中的导弹都处于待发状态，只需开盖即可对付饱和攻击。二是该系统结构简单，重量轻、体积小，可使舰艇的载弹量大大增加；而且可以装填不同类型的导弹，具有较好的通用性。三是可以全方位发射，不存在发射盲区。四是导弹均装设在舰体内或舱面建筑内，可靠性高、生存能力强。

导弹垂直发射系统的布置形式多样，但万变不离其宗，都布置在主甲板下方。不过，根据任务和作战需要，安排的前后位置各不相同：前苏联的"基洛夫"级导弹发射装置全部集中在舰的前部，而美国和一些西方国家，则设在舰首、尾两端，首端发射系统在主炮和舰桥之间，尾端发射系统在尾部直升机平台之前或之后；也有的在烟囱后部或舯部两舷。

导弹垂直发射系统

目前，俄罗斯、美国、法国、英国等国家已装备了多型舰载导弹垂直发射系统。其中，尤以俄罗斯、美国两家类型最多，性能也最先进。美国的"轻型海麻雀"导弹垂直发射系统，是由美国、加拿大、丹麦三国海军合作研制的，主要装备在小型舰艇上。"标准3"型导弹垂直发射系统为一种多用途垂直发射系统，现已由MK41发展到MK45等多种。俄罗斯海军的SA-6舰对空导弹发射系统，该系统装备在"光荣"级导弹巡洋舰上。SA-8中程舰对空导弹垂直发射系统，现已装备到驱逐舰上。SA-9舰对空导弹垂直发射系统，在航母、巡洋舰、驱逐舰上均有装备。此外，英国的"海狼"、以色列的"巴拉克"、法国的"萨玛特"和加拿大的"海麻雀"等导弹垂直发射系统都装备在各自的海军舰艇上。

（李 杰）

为什么"海长矛"导弹既可装备潜艇又可装备水面舰艇

美国的"海长矛"导弹原是一种可在敌防区外实施攻击的反潜导弹。导弹长6.1米，最大弹径533毫米，重约1400千克，最大射程110千米，能攻击水下深度达600米的目标。

整个"海长矛"武器系统包括"海长矛"导弹，导弹水下发射容器、发射装置、目标探测装置、火控系统等。水下发射的导弹采用两种方式：一种是弹体不用任何包装，发射后裸露的导弹在水中航行、出水，并在空中飞行；另一种是将导弹装在一个容器内，容器装着导弹从潜艇中再射出，然后导弹点火从容器中再射出。水下发射"海长矛"导弹是从标准鱼雷发射管中射出。如果是用装在容器内的导弹，就先靠浮力浮出水面，导弹发动机在容器内点火，同时容器前盖自动、及时打开，导弹冲出容器向空中飞去。"海长矛"导弹随即自动定位并再向空中爬升。弹上的固体火箭发动机在推进剂燃完后就从弹体上脱落而掉入大海。此后，导弹继续作弹道式飞行，直至目标上空。接着弹体内降落伞弹出，在降落伞的作用下，鱼雷慢慢降入水中。鱼雷入水后，它的推进系统、寻的系统与操纵系统都启动工作。由寻的系统搜索目标，一旦捕捉到目标，便把鱼雷导向目标，直至击中。水下发射"海长矛"的弹道为水下—空中—水下，在空中航速为超音速。

鉴于水面舰艇上垂直导弹发射系统的装设与使用，使得"海长矛"导弹更扩大了"安家落户"的地方。水面舰艇装设"海长矛"可采用现有的 MK41 垂直发射装置。该发射装置可装 64 枚"海长矛"，也可将"海长矛"与其他舰对空、舰对舰导弹混装。实际上，水面舰艇装设"海长矛"要比潜艇装设该导弹的发射过程简单，它起码省去了从鱼雷管发射、浮力容器爬升等阶段。

　　美国海军目前不仅在"鲟鱼"级潜艇、"洛杉矶"级潜艇、"海狼"级潜艇上装设了"海长矛"，而且已逐步在"提康德罗加"级导弹巡洋舰、"伯克"级导弹驱逐舰等战舰上加装该型导弹。

（李　杰）

为什么有的潜艇装设了
对付飞机的潜空导弹

　　反潜飞机或反潜直升机凭借飞行速度快（航速数倍乃至数十倍于潜艇）、机动性能强，以及可携带多种兵器在较短时间内探测、搜索较大范围的海区，受敌潜艇威胁小，能低空或超低空飞行等优点，成了名副其实的潜艇"克星"。

　　处于水面航行状态或水下几米处的潜艇，遇到反潜飞机或反潜直升机时常常束手无策、难以招架。最初，潜艇只能消极地深潜隐匿、暂避一时，但即使这样仍难逃厄运。一些国家海军迫于无奈，只好把火炮搬上潜艇。与飞机交战时，潜艇浮至水面，由射手操纵火炮进行抗击。然而，这种抗击方法的作战效果并不理想。

　　20世纪50年代之后，形形色色的导弹广泛应用，使潜艇防空出现了转机。不少国家的武器专家开始在潜艇上试验装设导弹。其中比较突出的有英国的"斯拉姆"潜空导弹系统、美国"西埃姆"潜用防空导弹和瑞典AIM-9L"响尾蛇"潜空导弹等。

　　英国"斯拉姆"潜空导弹系统采用六联装发射装置，使用的是"吹管"导弹，其制导方式为光学跟踪和无线电指令制导。攻击时，发射装置从艇上容器里升出，可旋转360°，并可在-10°至+90°内俯仰。"西埃姆"潜用防空导弹方案，最初由美国国防高级研究计划局提出。这种外形酷似"飞鱼"的潜空导弹，装在潜艇舰桥围壳中的导弹箱内。当潜艇探测装置收到反潜飞机或反潜直升机在低空飞行时发出的声响后，导弹即以低速从发射筒内垂直射出水面。瑞典的 AIM-9L "响尾蛇" 潜空导弹是由美国 AIM-9L "响尾蛇" 空空导弹改装而成。该型导弹既可装在耐压艇壳外部的垂直或水平发射管中，也可用艇首的鱼雷发射管发射。这种潜空导弹的最大优点是不受深度和航速限制，且结构简单，使用维护方便，可靠性高。法国和德国也在 SS-12 制导反坦克导弹的基础上，研制了"独眼巨人"型潜空导弹。这种导弹弹重 43 千克，战斗部重 3 千克，采用鱼雷发射管发射，射程 10 千米，可攻击对方反潜飞机或反潜直升机。

潜艇装设了上述后导弹"如虎添翼"，使反潜飞机和反潜直升机再难以为所欲为。

（李 杰）

为什么先进的水雷难以抗扫

现代科学技术的发展及其在军事领域里的广泛运用，使得古代传统的水雷"焕发了青春"，正跻身于先进兵器的行列。

现代先进水雷具有极好隐蔽能力。它的外观不再是原始的圆球形状，而为了更适合环境需要，采用了椭圆形、截锥形，这样能有效模拟，使探雷灭雷系统难以识别发现。一些水雷的表层覆盖有水泥或可塑性材料，既与海底岩石相类似，又可衰减超声波的再反射；不少国家研制的自掩埋水雷，能通过电脑控制的抛沙机抽吸泥沙，把底部泥沙排放到顶部，以达到掩埋隐蔽的目的。这种雷只在泥沙外露出触角一样的探测器，使一般探猎雷系统难以发现。还有的国家在水雷表面贴敷新型高强度复合材料，这样水雷的布放深度就由过去的 100 米左右，加大到 1000 米以上。上述种种措施均使水雷的隐蔽性产生质的飞跃。

现代先进水雷的机动攻击能力都很强。以前水雷都是被动式的，只能在很小的范围内接收到敌方舰艇的信号或舰船直接碰撞到水雷时，才能引起爆炸，造成毁伤；而先进的水雷已有了自导、自航、火箭上浮和导弹式水雷等种类，实现了水雷与鱼雷、水雷与导弹的结合。如美国的"莫万"空投机动水雷，以固体火箭发动机提供快速上浮动力，采用高频定向声纳作为自导系统，实现了快速上浮和自导。

现代先进水雷具有高超的识别控制能力。微电子技术使水雷产生了

智能化的趋势，一些发达国家的新型水雷引信均微机化，它们将各类舰船物理场数据编成程序，输入水雷微机，从而使水雷具备了识别敌我的本领，而且还能识别出不同的舰种和同型舰船中某一艘舰船，识别舰船物理场和扫雷具模拟场。

由于现代先进水雷装有多种形式的联合引信及预设抗扫程序，使得它可以经受多种假目标的诱惑及连续的清扫。加上每枚水雷的个别特性可在布雷前随机设定，从而加大了组织扫雷的难度和复杂程度。

（李　杰）

为什么定向攻击水雷与众不同

　　水雷在历次海战中都发挥了巨大的作用，但传统的水雷是一种守株待兔式的被动武器，作战中为达成一定的触雷概率就必须布设大量的水雷以组成雷阵。随着高技术的运用，一些国家研制了定向攻击水雷，明显地提高了使用水雷的军事经济效益。一枚能机动的定向攻击水雷所能控制的水域，二战时期要数百枚锚雷才能做到。

　　定向攻击水雷是一种既能以高于自导水雷速度攻击目标，又能按设定的计算弹道去打击目标的新雷种。它兼顾有攻击时可发射鱼雷的自导水雷和快速垂直上浮攻击目标的火箭上浮水雷这两者的优点。

　　俄罗斯拥有多型定向攻击水雷。其中较著名的有 PMK1 型反潜水雷和 MSHM 大陆架水雷，前者主要用于反潜，后者兼有反潜、反舰的功能。这两种雷均适用于中等水深（最大布深分别是 300 米和 400 米）。水雷布入水中之后，达到设定水深时，雷锚筒体与水雷战斗部等筒体分离，并释放连接两筒段的雷索。雷锚抵达海底时，通过雷索将水雷战斗部等具有正浮力的筒段铅直地系留在水中。

　　水雷布设在水中呈系留状态后，达到设定的时间，允许被动声值更引信接通电源，以对目标舰艇进行搜索。如果此时潜艇进入水雷的动作半径范围内，就会被水雷探测到，并对目标进行识别、判断，得出与水雷的相对位置和距离，计算水雷攻击弹道和发火时间；命令断索机构动作，使水雷与雷锚分离，并给火箭发动机点火，沿设定的攻击弹道高速推进水雷上浮，以攻击潜艇。

MSHM 大陆架水雷的雷锚通过雷索将水雷系留在距海底不高的位置上。当水面舰艇进入该水雷的动作区域时，断索装置立即切断雷索，同时发动机点火，并以 100～150 节的速度，沿攻击弹道高速推进水雷上浮。水雷上浮达到设定点火时间时，即自行起爆；或当水雷和声近炸引信或撞发引信动作时，水雷也可起爆，以伤毁水面舰艇。若出现潜艇时，水雷则沿另一攻击弹道快速上浮予以打击。

俄罗斯海军的这两型定向攻击水雷既适合水面舰艇和潜艇布放，也可以空投。它们具有以往水雷所不具有的打击威力，因而是水面舰艇和潜艇新的"水下克星"。

（李　杰）

为什么说磁性水雷现今遇上了新"克星"

磁性水雷是 1939 年 9 月德国作为一种"秘密武器"率先使用的。二战期间，这种水雷曾一度使盟军舰艇风声鹤唳、损失不小。磁性水雷主要是利用舰船通过雷区时，引起大地磁场变化，而引信在变化磁场的作用下动作，引爆水雷。经过不断地发展，磁性水雷引信已从感应单一的垂直分量，变到感应 X、Y 和 Z 三个分量，且灵敏度也有不同变化要求。

有矛必有盾。磁性水雷的问世，随之就出现了磁性扫雷具。在 40 多年磁性水雷和磁性扫雷具的抗争中，磁性扫雷具不断革新、完善和发展。近年来，一批批新的磁性扫雷具接连应运而生，其中有加装微机管理扫雷控制仪的电磁扫雷具，有能够正确模拟舰船场的磁性扫雷具，还有正在开发的采用新技术的超导磁性扫雷具。这些新型磁性扫雷具不仅丰富了扫雷具"家族"，而且都将成为磁性水雷的新"克星"。

微机控制的磁性扫雷具采用微机控制，使数百米长的扫雷电缆周围产生了模拟各种舰船的磁场。这种扫雷具具有阻力小、耗电低、电流大、回转半径小、重量轻、操作方便、收放时间只需 10 分钟等优点，因而扫雷效率高，约为常规电磁扫雷具的 4～8 倍。它尤其适用于小艇拖带，非常适合装备在应急反水雷舰艇上。可变磁矩磁性扫雷具是由一串浮体组成的，浮体数量可以增减，通常用 6 个。玻璃钢制浮体内装有可变磁矩磁铁、磁芯、螺线管及电子控制装置。可变磁矩磁铁的磁性状态可由拖带舰艇控制，以模拟各种或特定舰船的磁特性，诱骗智能化水雷，实现扫雷的目的。

根据现役各种电磁扫雷具耗电大，需专用扫雷发电机组，扫雷系统体积庞大，不易操纵等缺点，日本海军近十多年来加紧开发了超导磁性扫雷具。利用超导技术可使扫雷具体积减小、耗电降低，产生强磁场，从而达到有效扫除磁性水雷的目的。在逐步摸索和改进的基础上，日本最后确定采用由三个圆形线圈组成的超导线圈组，以产生与舰船磁场等效的三维磁场，充分发挥超导线圈的作用，并且能够正确地模拟舰船磁场。超导磁性扫雷具的原理样机结构，是由万向支架支持的三个相互平行的圆形超导线圈。这种超导磁体既可组装在拖体上被拖带，又可配置在遥控艇上进行遥控扫雷，也可装在扫雷艇上使用。

（李　杰）

为什么舰载激光弦目器能使
飞行员暂时致眩

舰载激光眩目器是一种装设在舰艇上的低能战术激光武器。它与破坏光电传感器或使人眼致眩的同类武器相比，所需能量最低，技术上也最容易实现。

舰载激光眩目器主要由激光发射器、双目测距仪、电视摄像机和电气机柜等几部分组成。这种全新型的舰载武器可发射功率较高的蓝色或蓝绿色脉冲激光束，对飞行员的眩目距离可达近 3 千米。实际上，由于激光眩目发射器所发射的激光能量较低，因而无法直接致盲飞行员，主要通过激光照射座舱罩时所产生的一种"透明散射"现象使逼近的飞行员致盲。

舰载激光眩目器发射的激光一般不会造成人眼永久性损伤，而只是使被照者眼花瞭乱，暂时无法睁眼，因此它不会给己方舰艇设备和人员造成伤害。激光眩目器除用于致眩飞行员外，还可用来对付有人驾驶的自杀性飞机和自杀快艇。

首次成功应用于实战中的舰载眩目器是英国海军于 1982 年在马岛海域对付阿根廷飞行员时使用的。阿飞行员多次在准备攻击时被道道强光照射而眩目，最后被迫放弃攻击。当时，英海军只是把它作为舰载"海狼"和"海猫"近程防空导弹的补充。先用激光眩目器照射阿飞行员，使其受强光刺激，顿时眼花瞭乱，天旋地转。阿飞行员为防止坠入大海便迅速升空，这样正好进入英导弹射击范围，而易被英导弹击中。

马岛海战之后，英海军又在多级战舰上装设了激光器。其实，在英国研制或装备舰载激光眩目器的前后，许多国家海军也已研制成各种舰载激光眩目器。如1987年，美国海军一架P-3侦察机在观察苏联弹道导弹弹头溅落于夏威夷群岛附近时，便受到苏联"楚科特卡"号考察船上发射的激光束照射，致使飞机副驾驶员的视力受到10分钟的致眩。此后，美国、瑞典等国飞行员又先后多次受苏联舰载激光器的照射，产生暂时性致眩。

今后，随着技术的提高、激光能量的增加，以破坏导弹光电传感器为目的反导型和激光致盲器等低能激光武器数量将大量增加，届时将出现高、低能激光器并用的状况。

（李　杰）

为什么舰载弹炮合一系统日渐受宠

随着空袭兵器的发展，要求防空武器反应快、火力猛、抗干扰能力强、射击空域死区小，并能在极短的时间内实施多次拦截。防空导弹具有威力大、射程远、精度高等特点，而高炮则有机动灵活、价格低廉、战斗持续性好等优点。为了取长补短，自20世纪80年代以来，一些国家的海军武器专家陆续将这两种武器结合到一块，组装在一个基座上，由同一套火控系统控制导弹、舰炮的瞄准和发射。于是，一种全新观念的武器系统诞生了。

导弹和舰炮合一后，起码带来了以下好处：首先，弹炮结合后，导弹与火炮在射击空域上可以自动互相搭接，有利于充分发挥导弹与火炮的综合威力。如苏联"卡什坦"弹炮系统的导弹比火炮的射程大一倍，最大射程达到8000米，就可以先射导弹，后射炮弹。还有很重要的一点是，舰炮口径和数量受技术条件限制，毁伤概率均在0.8以下；采用弹炮合一系统可对目标进行重叠拦截，使毁伤概率达到0.95。其次，弹炮合一的舰炮武器系统均采用综合体形式。法国"萨莫斯"、俄罗斯的"卡什坦"的跟踪传感器和炮架为一体；美国"海火神"采用搜索与跟踪传感器和炮架为一体。由于探测传感器与舰炮多位一体，因而结构紧凑、安装方便、反应迅速，并可避免间隔修正计算。"萨莫斯"系统采用红外目标指示器及"火山"轻型光电跟踪器，它们不易受电磁干扰、跟踪精度高、结构合理，且可同时对导弹和舰炮进行有效导引。"海火神"采用985型光电指挥仪，其火控系统既可同时计算火炮与导弹的提前角，又可辅助控制火炮和控制导弹。第三，弹炮合一后，必然采用轻型的舰对空导弹，其体积、重量都低于以往的舰载近程防空导弹。例如，美国"海火神"系统中的"毒刺"导弹小巧玲珑，弹体为圆柱形，舰上可储弹10枚；俄"卡什坦"共备弹32枚。"卡什坦"不仅能够装设在"库兹涅佐夫"号航母、"彼得大帝"号导弹巡洋舰、"不惧"号导弹驱逐舰上，而且能够装载在"塔朗图尔"Ⅲ型导弹艇上，以取代或部分弥补原有的近程舰空导弹。事实证明，弹炮合一系统已成为舰艇近程防空系统的一个新里程碑。

（李　杰）

为什么第三代新型战斗机多采用边条翼

　　为了提高升力，降低阻力，20世纪60年代以前的飞机，除个别情况外，大都是按照"附着流型"的原理设计的。所谓"附着流型"是指除机翼后缘线和机身后端点外，气流再也没有其他离开物面的可能。当然，要做到这一点是非常困难的，尽管飞机设计师们采取了很多的技术措施，但实际飞行时，除了小迎角状态下，飞机机翼上的绕流接近了"附着流型"，在其他飞行状态（尤其是作机动飞行时），翼面上和机身上的气流分离是不可避免的，并因此而引起阻力的增大和升力的降低。

　　如何解决上述难题呢？随着实践经验的积累，人们发现，并非所有的气流分离都是坏事。如果能让翼面上的分离气流变成一个或多个稳定的脱体旋涡，就有可能获得额外的好处。由于脱体涡的涡心压力很低，当它流经机翼上表面时，可在机翼上产生很大的吸力，从而导致升力的提高。

　　制造脱体涡的办法很简单，一般的大后掠角薄翼都会从机翼前缘处生成脱体涡。不过，脱体涡的卷起，会使机翼的前缘吸力丧失，其诱导阻力比附着流型的机翼大一倍以上。

　　那么，能否设计出一种机翼，使之既具有涡升力，又不产生较大的诱导阻力呢？经过大量的实验研究，人们终于发明了能满足上述要求的边条翼。

采用边条翼的苏-27战斗机

所谓边条翼，就是在中等后掠翼的翼根前缘部位，增加一块三角形或近似于三角形的小翼面。这块小翼面称为边条。边条的前缘很薄，且后掠角很大，高达 70°以上。在这样的翼面上，气流很容易从前缘分离，并卷成一个稳定的脱体旋涡。该脱体涡的涡心压力很低，当它流经机翼上表面时，便会在机翼上诱导出较大的涡升力，从而改善飞机的机动性能。

与一般的后掠翼相比，边条翼的中、外翼段的后掠角较小（约为40°左右），再加上机翼前缘下垂等技术措施，气流不易从其前缘分离，在较大的迎角范围内，气流保持附着流型，因而飞行阻力较小。

这种在一个翼面上既有附着流，又有脱体涡的流型，称为混合流型。混合流型的发现和边条翼的发明，大大拓宽了飞机设计师们的视野，人们纷纷将这项新技术应用在先进战斗机的设计上，从而诞生了新一代高机动战斗机。其代表作有美国的F-16、F-18、F-20；俄罗斯的苏-27、米格-29；日本的 FS-X 等。这些采用了边条翼技术的飞机，以其航程远、载弹量大、机动性好、起降距离短，而成为现役战斗机的佼佼者。

（傅前哨）

为什么20世纪80年代以后研制的下一代战斗机要把"水平尾翼"放在机翼的前面

世界上大多数的飞机采用的是"后尾式"气动布局，如波音747、运-7、图-154型运输机；F-15、米格-29、歼-8型战斗机等等。尽管这些飞机的外型不同，性能各异，但它们有一个共同的特点：水平尾翼都位于机翼（又称主翼）之后。

飞机的水平尾翼是干什么用的呢？其主要的用途是在飞行时平衡机翼产生的力矩，并操纵飞机作俯仰运动。我们知道，飞机在作水平直线飞行时，要靠发动机的推力克服前进阻力，要靠机翼产生的升力平衡重力。为了保证飞机的稳定性，飞机的重心一般是不能与机翼上的升力增量作用点（又称焦点）重合的，且焦点的位置必须在重心之后。于是，机翼上产生的升力便会对飞机的重心构成一个低头力矩，为了平衡这个力矩，水平尾翼就必须提供一个负升力（升力方向向下）使飞机抬头。水平尾翼上产生的负升力，会给飞机的性能带来不利的影响，但为了保证飞机稳定的飞行，又不能没有它。这就好比一个人挑担子，前面的筐里装着重物（飞机的重量），后面的筐里也要装载重物（负升力），人才能用肩膀挑起来（正升力），如果拿掉了后筐内的负载，人就没法挑着担子行走了。

那么，有没有办法让"水平尾翼"也产生正升力，并用正升力去平衡飞机呢？办法是有的，将"水平尾翼"搬到机翼前面去，就能达到这一目的。此时，位于机翼前方的"水平尾翼"应该叫作"前翼"或"鸭翼"。这样的飞机气动布局称为"鸭式布局"。鸭式布局飞机在飞行中是如何平衡力矩的呢？它很像两个人抬筐，筐内重物（飞机的重量）分别由两个人的肩膀承担（正升力），于是行走起来便轻松多了。

直观地看，鸭式飞机的前翼能用正升力平衡飞机，其性能一定好于后尾式飞机。那么，为什么以前采用鸭式布局的飞机很少呢？这是因为鸭式飞机也有它的缺点，一是前翼位于主翼的前方，气流流经前翼后，流向会有所改变，且将出现紊流，从而给主翼的气动特性带来不利的影响；二是前翼的配平能力没有平尾强，往往会限制主翼升力潜力的发挥，这好像一个大人和一个小孩抬筐，小孩个矮力量小，大人有劲也使不出来，不如把小孩放在后筐里挑着走。

如何克服鸭式布局飞机的缺点，并发扬其优点呢？几十年来，设计师们想了很多办法，但都没从根本上解决问题。直到 20 世纪 60 年代初，瑞典人在研制 Saab-37 战斗机时，发现了"近距耦合"现象，鸭式

法国研制的"阵风"鸭式布局战斗机

飞机的设计才有新的突破。所谓"近距耦合"，就是将前翼放在主翼前上方不远处，利用前翼上产生的脱体涡为主翼增升，从而达到改善飞机性能的目的。采用了"近距耦合"设计的 Saab-37，成为了世界上第一种具有短距起降能力的高速战斗机。

20 世纪 60 年代末，以电传操纵系统为基础的主动控制技术日趋成熟，并开始在飞机上应用。采用了主动控制技术以后，允许飞机放宽静稳定度，这可使飞机的性能进一步提高。与后尾式飞机相比，鸭式飞机放宽静稳定度后，获益更多。因为放宽静稳定度后，前翼距重心的力臂增大，使其配平能力加强，从而可大大发挥飞机的增升潜力。

20 世纪 80 年代以来，世界各国研制的下一代战斗机，大部分都选择了鸭式布局，如法国的"阵风"、西欧的 EFA、瑞典的 JSA-39、俄罗斯的苏-37等。飞机设计师们之所以看中鸭式布局，是因为采用了"近距耦合"设计和主动控制技术以后，鸭式布局战斗机的性能非常优异，发展前景光明。

（傅前哨）

为什么 20 世纪 80 年代美国试飞的 X-29 飞机的机翼不是后掠，而是前掠

1984 年 12 月 14 日，美国在爱德华空军基地对一架称为 X-29A 的验证机进行了首次试飞。该机的外形非常奇特，它的机翼不是后掠的，而是带有三十几度的前掠角。

美国人为什么会对前掠翼感兴趣，这种机翼到底有些什么特点呢？从原理上讲，前掠翼和后掠翼一样，也能推迟激波的产生，减弱激波强度，降低飞行阻力。但二者的气动特性还是有差别的。

X-29 飞机

气流流过后掠翼前缘时，翼面上的流线会向翼尖方向偏斜，即存在着指向翼尖的展向流动。大迎角飞行时，气流会首先从翼尖处分离（称为翼尖失速），这不但会引起升力的降低和阻力的增加，并且会使飞机自动上仰和滚转，严重影响飞行安全。

而在前掠翼上的气流流动正好与之相反，其翼面上的展向流动指向翼根，大迎角飞行时，气流不是首先在翼尖处，而是在翼根处分离。这就从根本上解决了翼尖失速问题。与后掠翼飞机相比，前掠翼飞机的低速和跨音速性能好，可用升力大，机翼的气动效率高。

世界上第一种采用前掠翼的飞机不是 X-29，而是 1944 年由德国人设计制造的轰炸机——容克-287。该机的机翼前掠角为 15°。不过，自容克-287 之后的 40 年间，采用前掠翼的飞机极少。前掠翼之所以不受飞机设计师的青睐，是因为它的气动特性虽好，但结构问题很难解决。飞机在空中飞行时，机翼在空气动力载荷的作用下会产生扭曲变形。前掠翼的外翼段前缘有向上偏转（后缘向下偏转）的趋势，导致外翼段的迎角增大，从而使外翼段的升力增大。此时，升力的增加并非好事，它会造成机翼的变形加剧。在一定的（临界）迎角和速度条件下，这种现象会形成恶性循环，直至使机翼折断。使用一般的铝合金结构，很难解决这一问题。故飞机设计师们宁可选择气动效率稍差的后掠翼，也不愿采用前掠翼。

直到 20 世纪 70 年代，飞机上开始大量使用复合材料，并发明了气动弹性剪裁技术后，上述难题（称为机体自由度颤振）才得到较完满的解决。所谓气动弹性剪裁，就是根据机翼的受力情况，在制作复合材料机翼时，有针对性地布置不同纤维方向铺层，以改变力的传递方向，避免机体自由度颤振。X-29 飞机就是应用了此项技术，才得以升空的。

当然，除气动弹性剪裁技术外，X-29 还采用了变弯度技术，放宽静稳定度技术等先进技术。因此，其飞行性能极佳，它除了具有良好的

机敏性，还能在 70°迎角状态下保持平飞。这是其他现役飞机难以做到的。

（傅前哨）

为什么大多数远程超音速
轰炸机要采用变后掠翼

　　为减小飞行器高速飞行时的阻力，德国的空气动力学家阿道夫·比斯曼于 1935 年首次提出了后掠翼的设计思想。差不多十年后，德、美、日等国才造出了世界上首批后掠翼飞机。而现在，不论是军用飞机还是民用飞机，采用后掠翼设计，已经是很普遍的事了。

　　与平直机翼相比，后掠翼只有在更高的飞行速度下才会出现激波，而且即使产生激波，也能减弱激波强度，降低飞行阻力。因此，大多数跨音速和超音速的飞机都喜欢采用后掠翼。不过，人们不能因此而简单地认为后掠翼的阻力比平直翼小。由于后掠翼上的气流容易分离，在低速飞行时，与同样面积的平直翼相比，后掠翼的诱导阻力更大一些，升力则更低一些。显然，后掠翼适于高速飞机使用，而平直翼则适于低速飞机使用。

　　超音速战斗机、轰炸机在执行作战任务时，并不总是作高速飞行的，它们大部分时间要在亚音速甚至低速状态下飞行。而采用高速外形的飞机，做低速飞行时，比平直翼飞机的效率低，例如，其航程将大大缩短，起降滑跑距离将大大增长。

　　如何解决这一矛盾呢？显而易见的办法是采用变后掠翼，起飞、着陆和低速飞行时，张开机翼（减小后掠角，增大展弦比），以提高飞机

美F—14变后掠翼战斗机

苏—24变后掠翼战斗机

的升阻比，缩短起降滑跑距离，增大航程。高速飞行时，向后转动机翼，以降低激波阻力，提高飞行速度。

从气动的角度讲，战斗机、轰炸机装上变后掠翼后，既能适应高速飞行，又能适应低速飞行，好处很多。然而，从结构的角度看，就未必如此了。因为采用变后掠翼的飞机要付出重量和复杂性的代价。重量的增加必然要吃掉一部分由变后掠翼所带来的好处。实验证明，轻型战斗机采用变后掠翼，性能上获益不大，而其结构和操纵系统要比普通战斗机复杂。这就意味着单机价格和维修费用的提高。对此，军方是难以接受的。

而最大起飞重量超过 25 吨的轰炸机和战斗轰炸机采用变后掠翼则比较合算，因为变后掠翼所引起的结构和操纵系统的增重，在这类飞机的总重量上所占比例较小。一般的轰炸机和战斗轰炸机都需要有较远的航程，以突击敌纵深地区的重要目标。在接近敌区或在敌区上空飞行时，则需要以超音速的速度突防，以降低被敌方防空火力击中的概率。而让机翼变后掠，能够较好地满足上述要求。因此，目前先进的远程超音速轰炸机和战斗轰炸机，如美国的 B-1B、FB-111、F-14，俄罗斯的图22M"逆火"、图-160"海盗旗"、苏-24等型飞机，均采用了变后掠翼设计。

（傅前哨）

为什么 B-2 飞机没有尾翼

　　1988 年 11 月 22 日，美国军方在加利福尼亚州棕榈谷的空军第 42 工厂的一个原先严格保密的厂房前，向来自军界、航空界和新闻界的代表们首次展示了一架人们传闻已久的飞机——B-2 隐身轰炸机。当巨大的铁门徐徐拉开，一架外表喷有灰色和淡蓝色涂层的飞机被缓缓推出时，人群中发出了阵阵惊叹。因为 B-2 轰炸机的模样太奇特了，完全超出了人们的想象。它没有机身，没有水平尾翼，甚至连垂直尾翼也没有！整架飞机就如同一个巨大的飞镖，其机翼前缘是平直的，但后缘却呈锯齿状，像两个连接在一起的 W 字母。

　　B-2 既然是隐身飞机，毫无疑问，它采用飞翼式外形的目的，主要是为了隐身。经过大量地试验，专家们发现，除圆盘形以外，三角形和后掠形飞翼的隐身效果最佳。因为去掉了机身和尾翼后，飞机的雷达反射截面积可以大大减小。一般来说，机身与机翼的结合处，有接近 90° 交角，从而构成一较强的雷达波反射体。当雷达波从飞机侧方照射目标时，立尾便成为最强的反射面。如果飞机上装有平尾，则立尾与平尾之间也会对雷达波形成强反射。这些对飞机隐身都是不利的。

　　取消机身和尾翼在气动上也有好处，可以大大降低飞行阻力，并获得较高的升力系数。然而，没有垂直尾翼和水平尾翼，在飞机的安定性和操纵性方面亦会出现问题。为此，该机采用了主动控制技术，依靠高

性能的计算机和电传操纵系统帮助驾驶员控制飞行。B-2 的机翼后缘处共有 8 个操纵面，这比普通飞机多了一倍。其中的 6 个为升降副翼，它们既可为飞行提供俯仰力矩，又可为飞机提供滚转力矩。还有两个操纵面被称为阻流方向舵。阻流方向舵的设计非常新颖，使用时，它会分裂为两块，一块向上、一块向下。不用时，两者合二为一。当飞机需要左转弯时，张开左侧机翼上的阻流方向舵，于是左翼的阻力增大，迫使飞机机头转向左边，反之亦然。其作用与垂尾上的方向舵是一样的。

有了这 8 个操纵面，再加上主动控制技术的帮助，没有尾翼的B-2，也能像其他飞机一样作机动飞行了。

（傅前哨）

为什么大部分新型运输机要在
机翼翼尖上安装翼尖小翼

　　一般的飞机，包括战斗机、轰炸机、教练机、运输机，它们机翼翼尖都是比较"干净"的，没有什么突出的物体。然而，细心的读者会发现，近年来投入使用的一些新型的亚音速运输机和旅客机，如C-17、波音747-400、MD-11、伊尔-96、A300/310/320/330/340"空中客车"系列飞机等都在翼尖处安装了一块比垂直尾翼面积小得多的垂直翼面。

　　这些小翼面叫什么名字，它们是干什么用的呢？用航空术语讲，这

装有翼尖小翼的运输机

些小翼面被称为翼尖小翼，其功能是降低翼尖诱导阻力，以提高飞机的升阻比，增大飞机的航程。

翼尖小翼是如何降阻的呢？这要从机翼的翼尖涡和诱导阻力谈起。我们知道，机翼之所以能产生升力，托举飞机飞行，是因为在设计和使用时，保证了流过机翼上表面的气流流速高于流经机翼下表面的流速，根据伯努利方程，流速大、压力小，流速小、压力大。于是在机翼上、下表面之间便形成了压力差，压力差越大，升力越大。

既然存在压力差，就会在机翼上、下表面出现压力交换，机翼下部的压力较高的气流有绕过机翼前缘和侧缘向上翻卷的趋势，于是在一定条件下便会形成前缘涡和侧缘涡（又称翼尖涡）。对飞机来说，侧缘涡是有害的，它会使机翼上表面的压力增高，使翼尖处的气流提前分离，从而造成作用在机翼上的空气动力方向向后倾斜，导致升力的降低和阻力的增加。由于这一新增加的阻力是由升力引起的，因此被称为升致阻力或诱导阻力。一般飞机作巡航飞行时，诱导阻力约占总阻力的40%。

从上面的描述中可以看出，升力的存在，导致了翼尖涡的出现，而翼尖涡的出现又引起了阻力的生成。这一结果是飞机设计师们不愿看到的。那么，有没有办法制止此种现象的发生呢？最直观的方法是在机翼侧缘处加装一块挡板（称为翼尖端板），以阻挡翼尖涡向上翻卷。然而，由于翼尖端板本身的摩擦阻力和干扰阻力也不小，因此，其效果并不理想。经过多年的研究，美国的空气动力学家惠特科姆博士发明了一种面积较小、效果较好的翼尖小翼。其外形是这样的：在机翼翼梢的前部设置一个向下的垂直小翼面，在翼梢的后部安装一个向上的垂直小翼面，后者的面积稍大于前者。飞行中，当翼尖涡向上翻卷时，会分别受到这两个小翼面的阻挡，它要想影响主翼，必须先绕过小翼。于是，一个强度很大的翼尖涡便在上、下小翼的侧缘处分解为两个强度较小的翼尖涡，从而降低了它对机翼上表面的不利干扰。另外，翼尖小翼的安装并非像立尾一样，完全顺气流方向，而是带有一点斜角，在翼面上展向气

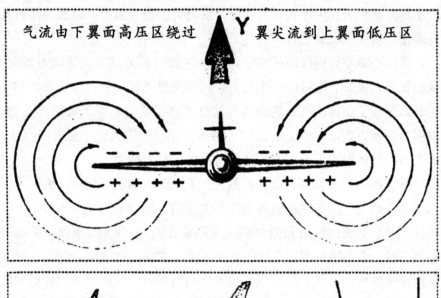

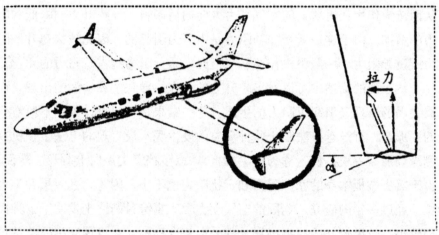

翼梢小翼的"拉力效应"原理

流和翼尖涡的双重作用下，它们能像风帆一样产生一个向前的拉力（负阻力）。因此，翼尖小翼可有效地提高飞机的升阻比，其值因飞机的不同而异，大约能使全机的诱导阻力降低 30％ 左右，使全机升阻比提高 1％～10％ 以上，升阻比越高，航程越远。一架大型运输机，哪怕仅提高升阻比 1%，每年节省的航油也相当可观。因此，大部分新型的旅客机、军用运输机均装有翼尖小翼。当然，在具体设计时，采用的翼尖小翼可能与惠特科姆小翼不尽相同，但其设计思路大部分都脱胎于惠特科姆博士的发明。

（傅前哨）

为什么有的直升机要采用双旋翼

　　世界上的大部分直升机都只有一副旋翼，这副旋翼既能为直升机提供所需的升力，也可为直升机提供向前的拉力，以及向左、向右甚至向后运动的力。悬停时，由旋翼拉力提供的升力，支托全机重量。若升力大于重力，直升机垂直上升；反之，则下降。要想让直升机沿预定方向前进，必须使旋翼拉力朝预定的方向倾斜，以取得向该方向运动的牵引力。由此可见，旋翼是维持和操纵直升机作悬停、平飞和机动飞行的最主要的部件。

　　对单旋翼式直升机来说，还有一个部件是不可缺少的，那就是尾桨。因为旋翼转动时，会产生很大的反作用扭矩，使直升机机体随之旋转。为了解决这一问题，人们发明了尾桨。由发动机驱动尾桨，可提供一个侧向力，用以平衡旋翼转动时引起的反作用扭矩。

　　单旋翼加尾桨是目前最典型的直升机布局型式。这种类型的直升机构造比较简单，技术也比较成熟，但它有两个缺点：一是尾桨转动时要消耗一部分发动机的动力；二是为了保证能产生足够的抗扭力矩，需要用一个长长的尾撑将尾桨置于远离直升机的重心处。这样一来，直升机的结构重量便会有所增加。

　　为了减少无效重量以及使发动机产生的动力能充分用于产生拉力，一些直升机采用了双旋翼设计。双旋翼直升机有三种类型：一种是共轴

美 CH-47 飞机

式双旋翼（在一个旋转轴上有上下两副旋翼），如苏联研制的卡-32、卡-50等；第二种是串列式双旋翼（在机身的前后各有一副旋翼），如美国生产的CH47、伏托尔107等；第三种是并列式双旋翼（在左右机翼翼尖处各有一副旋翼），如苏联研制的米-12重型直升机。

三种双旋翼直升机的共同特点：两副旋翼的旋转方向相反，以抵消扭转力矩，这样，发动机的动力可以完全用于旋翼，效益较高。共轴式双旋翼直升机还具有机身较短的优点，适用于舰上使用。串列式双旋翼直升机载重量较大，且装人和载货比较方便。并列式双旋翼直升机的空气动力性能比较好，且稳定性和操纵性也不错。但与单旋翼直升机相比，它们的构造和操纵系统较复杂。因此，世界上采用双旋翼方案的直升机并不太多。

（傅前哨）

为什么战斗机等军用飞机要涂迷彩

在战斗机等军用飞机上涂迷彩色与士兵穿迷彩服的道理是一样的，是为了隐蔽自己。迷彩也是隐身技术的一种，主要用来对付人眼和光学探测系统。

军用飞机涂敷迷彩非常讲究，在不同的地区、执行不同的作战任务，对迷彩的要求是不一样的。例如，在北方冬季，飞机的地面伪装色应涂白色＋灰色；在南方夏、秋季节，飞机的地面伪装色主要应涂中绿＋深绿＋土黄的迷彩；而在缺少植被覆盖的沙漠地区，飞机的地面伪装色，则应以土黄为主。海湾战争期间，多国部队的飞机在转场至沙特阿拉伯等国的航空基地之前，几乎都将原先的迷彩去掉，改涂土黄色，以便与当地的地貌相匹配。不过，少数只执行夜间轰炸和侦察的飞机，仍保留了原先的黑色涂层。

除黑色以外，上述几种迷彩主要用于地面伪装，以欺骗敌空中目视侦察和摄像侦察，躲避敌攻击机、轰炸机的袭击。

在空对空作战中，效果最差的涂色是亮银色和红色，这类色彩虽然好看，但过于显眼，在白昼、天气晴好的条件下，飞行员用肉眼就能发现几十千米外的银白色的飞机。即使是涂了土黄色、草绿色等迷彩的飞机，在空战中的效果也不太理想，因为它们与天空的背景色调不协调。经过大量地试验，人们发现，在陆地上空和海洋上空作战，飞机涂敷浅灰蓝的迷彩，隐身效果最佳。在通常情况下，美国、俄罗斯等国的作战飞机大多喷涂浅灰蓝。

前面谈到的各类迷彩，都是涂在飞机上部的，飞机的下部一般都只涂一种颜色——浅蓝。因为从地面上观察空中的飞机，多数情况下，只能看到飞机的腹部。因此，在飞机的下表面涂上浅蓝色较易与天空这个大背景匹配。

近年来，国外还对一些新颖的涂色方法进行了研究，现在采用的迷彩是由各种不规则的曲线围成的色块组成的。但也有人试验了在飞机背部涂敷深色的菱形、大小不一的几何图形，从视觉上把飞机分割成几块。还有人建议在大飞机的上部画一架小飞机，或在前机身下部画一个假座舱罩。这几种涂色方法的目的，是想在空战中给敌方飞行员造成错觉，导致其在对抗时采取错误的动作，或者是延长敌方飞行员分析判断空情的时间，致使其贻误战机。

就目前的技术水平而言，迷彩涂色只对肉眼和光学探测器有效。如果敌方采用红外侦察设备，迷彩就不那么管用了。为了使飞机、坦克等武器装备能同时对付敌方的光学侦察和红外侦察，世界上各军事强国都在积极探索能满足上述要求的新型涂料和先进的涂敷工艺。

（傅前哨）

为什么 F-117A 飞机要采用多棱锥体外形

20 世纪 70 年代初，美国相继研制出了几种先进的战斗机和实验战斗机，其编号分别为 F-14、F-15、YF-16、YF-17。后来 YF-16 发展为 F-16、YF-17 发展为 F-18。20 世纪 70 年代中期，美国诺斯罗普公司在 F-5E 的基础上，自己出资研制了专供出口的 F-5G 战斗机。1982 年 11 月，美国空军宣布给该机以 F-20 的正式编号。消息传出，当即引起一些航空情报人员的关注，因为从 F-14 到 F-20 之间缺了一个 F-19 的编号。

不久，欧洲和日本的航空刊物便纷纷载文，对 F-19 进行了分析，专家们众口一词，认定 F-19 是美国正在秘密研制的先进隐身战斗机。对此，美国军方既不肯定，也不否定。给人以神秘莫测之感。直到 1988 年 11 月，美国国防部才正式向新闻界宣布，美国空军已开始装备一种隐身战斗机，其编号为 F-117A。显然，F-117A 就是人们传说的 F-19，但从美军方展示的照片看，该机的外形和尺寸与外界猜测的完全不一样。

现代战斗机为了获得良好的气动性能，大多采用光顺的流线形设计，而 F-117A 却一反常规，其机体、机翼、尾翼和座舱全部是由各种斜面构成的。从空气动力学的角度讲，这种多棱锥体的外形，效果不好，会严重影响飞行性能。许多飞机设计师，甚至包括参加了 F-117A

飞机研制的一些专家都曾怀疑，这样一个怪异的"东西"能否会飞。实践证明，此担心是多余的。尽管在机动性和操纵性方面存在一些问题，但总的来说，它还是一种不错的飞机。

F-117A 为什么要采用这种奇特的多棱锥体外形呢？其目的就是为了隐身。由倾斜的多个平面面元组合而成的机体，可以大大地减少雷达波主波瓣的反射数目，而将敌方发射来的雷达波以各种角度向飞机上半球的天空散射。由于机翼的前、后缘都是雷达波的强反射体，形成飞机对雷达反射波的主波束。因而在研制时，将机翼的前缘后掠角设计得很大，高达 67.5°。对一种亚音速的飞机来说，如此大的后掠角，飞机的升阻特性会变得较差，但这样可使机翼的雷达反射波偏离飞机前部扇形区。另外，在设计时，机体、座舱、进气口、尾喷口、立尾等主要部件的边缘也都尽可能地与机翼的前、后缘平行，使其反射波与主波束相一致。据估计，F-117A 飞机前向的雷达反射截面积只有约 0.01 平方米，隐身效果很好。

比 F-117A 晚几年研制的 B-2 隐身轰炸机采用曲率半径均匀变化的曲面式机翼设计，使其表面上每一点都向不同方向反射低强度的电磁波。因此，B-2 飞机不但隐身效果极佳，其气动特性也相当好。那么，F-117A 为什么不采用类似 B-2 的设计呢？这是因为在研制 F-117A 时，工程技术人员尚未完全掌握复杂外形雷达散射特性的计算方法和手段，当时，只能计算由多个小平面组成的外形的隐身效果。为了赶时间，赶进度，于是，F-117A 便采用了多棱锥体外形设计。

（傅前哨）

为什么有些战斗机的座舱玻璃要镀金

　　战斗机座舱玻璃镀金，不是为了美观、好看，而是有其特别的军事用途。据外刊报道，海湾战争期间，飞赴沙特阿拉伯等地参战的大部分美军战斗机，如 F-16 等，均在座舱玻璃的里面镀上了一层金属膜，这层金属膜的成分以黄金为主。那么，战斗机的座舱玻璃为什么要镀金呢？其目的主要是为了改善飞机的隐身性能。

　　我们知道，当雷达波从前方和前侧方照射到飞机上时，飞机的机翼和尾翼前缘、进气口、外挂物、座舱等会成为对雷达波的强反射体。对一般的非隐身战斗机来说，可通过在机翼前缘、进气口、武器挂架等处涂敷一层吸波涂料的方法，来降低飞机的雷达反射截面积。但在飞机的座舱玻璃上不能涂吸波涂料，因为吸波涂料是不透明的，涂上它，飞行员就无法观察外界了。

　　然而，战斗机的座舱又必须采取隐身措施，因为座舱内的设备、面板、座椅，甚至飞行员的头盔等都是比较强的反射体。在座舱的壁板、设备上涂敷吸波涂料，固然可收到一定的效果，但并不理想。最好的办法是将大部分的雷达波阻挡在座舱之外。而在座舱玻璃上镀一层金属膜可达到这一目的。

　　镀膜的成分可以是金、银、铜或水银等，经过试验，镀金的效果较好，当然，其成本也较高。在座舱玻璃上镀金，除了需要解决复杂的镀膜工艺，还应满足军方对玻璃透光率的指标要求。因为在空战中，飞行员的目视搜索非常重要。座舱透光率差，目视发现敌方目标的距离就近。这对空战是不利的。

在显微镜下观察，玻璃上的镀膜并不是均匀的一层，而是由许多不规则的几何图形组成的，在这些几何图形之间存在许多裂缝。一般来说，金属镀膜不透光，座舱外部的光线是通过金属膜间的裂缝射入座舱的。显然，膜间裂缝太少，透光不足；裂缝太多，又会影响隐身效果，二者必须综合权衡。目前对军用飞机座舱玻璃镀膜的要求是在满足隐身指标的前提下，座舱玻璃的透光率应达到 80％以上。当然，如果飞机只执行夜间任务，对透光率的要求可适当放宽。

（傅前哨）

为什么隐身飞机大部分是黑色或灰色的

　　当今世界上比较先进的隐身飞机，如 F-117A、B-2、YF-22、YF-23等，大多在机体表面涂有单一的黑色或灰色的涂层，而不是像其他军用飞机那样涂敷迷彩。这是为什么呢？因为上述飞机的机体表面涂的是一种或两种专用的吸收雷达波或改变雷达波的涂料。此类反雷达涂

涂黑色涂层的 F-117A

料的涂敷工艺比较复杂，为了保证良好的隐身性能，对其涂层的厚度要求相当严格。如果像喷涂迷彩那样一块块地交叠涂敷，将难以满足对涂层厚度的要求。因此，多数隐身飞机只在机体表面涂一种颜色，个别的涂敷两种颜色的吸波涂层（上表面一种、下表面一种）。

　　主要在夜间活动的隐身飞机（如 F-117A 等）一般涂黑色吸波涂料，因为在夜间，黑色是最好的伪装。

　　还有一些隐身飞机是白天、黑夜都要用于作战的（如 YF-22、B-2等），涂单一的黑色在白天反而效果不好。这些飞机往往选择灰色吸波涂料。从光学的角度讲，在白天，灰色与天空的背景色调很接近，其效果接近于喷涂浅灰＋浅蓝的迷彩；而在夜间飞行时，涂灰色涂层的飞机也并不显眼。

　　这就是为什么大多数隐身飞机喜欢采用单一的黑色或灰色涂层的主要原因。

（傅前哨）

为什么民用飞机和军用
飞机都需要降低噪声

　　噪声是一种人们不希望有的、由不同频率和不同强度无规律地组合在一起的声音，它"污染"环境，使人体健康受到损害。高强度噪声能引起身体不适，可导致空间定向丧失、晕眩、头痛、高血压、心情烦躁等障碍。研究表明，持续受 85 分贝以上的噪声刺激，可导致"一过性"的听力损失。

　　与汽车、火车、轮船等交通工具相比，飞机（尤其是大型喷气式飞机）产生的噪声是相当强的，机场附近的噪声可高达 100～150 分贝，如此高的噪声必然会影响人体健康，干扰人们的工作、学习和休息。遗憾的是，能起降大型喷气式客机的民航机场，大部分都修建在人口稠密的城市附近。为了减轻飞机噪声对居民工作、生活的影响，国际民航组织对民用飞机制定了越来越严格的噪声标准。超过标准的飞机将被禁止飞行。

　　为了使飞机的噪声能符合国际民航组织的要求，各民用飞机制造厂商千方百计采取降噪措施，并因此而付出了不小的代价。

　　国际民航组织制定的噪声标准，对军用飞机来说是无效的。因为航空兵是保卫国家安全的空中力量，不可或缺。与健康问题相比，人的生命安全似乎更重要。军用机场附近的居民再有意见，也得忍耐。

然而，近年来，军用飞机也开始采取措施，自觉地降低噪声了。不过，其主要原因并不是为了环境保护，而是为了提高自身的生存能力。

目前，能够发现、跟踪空中目标的探测系统主要有雷达、红外探测器、光学探测器和音响探测器等。军用飞行器可通过采用减少自身的雷达反射截面积、降低红外信息特征的技术措施，来达到雷达隐身和红外隐身的目的；通过涂敷迷彩的办法，缩小被敌方光学探测器和目视发现的距离。然而，仅仅采用上述措施，还不能完全"隐身"，如果战斗机的噪声较大，仍很容易被敌方发觉。

那么，如何才能降低军用飞机的噪声呢？就飞机而言，其噪声源主要产生于发动机。而减小发动机噪声可由两方面着手，即控制噪声源和控制噪声的向外发射。现在常用的降低飞机噪声的方法，有以下几种：①采用涡轮风扇发动机，降低排气速度，减少喷气噪音；②采用消声喷管，用多管、多叶、多槽等形式，把发动机喷出的强大射流分成小股射流；③在进气道内安装消声衬套；④把吸声材料装于风扇管壁上或喷管管壁上；⑤采用大长宽比的二元喷口；⑥用几台小功率发动机代替一台大功率发动机；⑦将发动机喷口置于机翼上方等等。

目前，在降低噪声方面比较成功的军用飞机当属 F-117A 隐身战斗机。据称，在机场附近听到的 F-117A 飞机着陆时的音响，仅相当于一只蜜蜂在耳边发出的"嗡嗡"声。

（傅前哨）

为什么红外探测装置不易发现 YF-23A 战斗机

1990 年 6 月 22 日，由美国诺斯罗普公司和麦克唐纳·道格拉斯公司联合研制的先进战术战斗机（ATF）——YF-23A 的第一架原型机出厂，同年 8 月进行了首次试飞。该机一登台亮相，便在世界军界和航空界引起了轰动。因为这是美国人研制成功的世界上第一架同时具有高机动性能、隐身性能和超音速巡航性能的战斗机。

尽管后来美国空军选中了 YF-23A 的竞争对手 YF-22A 作为 ATF 的原型机，但航空界人士普遍认为，与 YF-22A 相比，YF-23A 的性能一点也不逊色，两种飞机各有千秋。YF-22A 在机动性和敏捷性方面稍强一点，而 YF-23A 在超音速巡航和隐身性能方面则略胜一筹。据称，YF-23A 之所以落选，主要是其研制成本和研制风险较高，但它在设计上所采用的一些跨世纪的技术，仍引起了人们的广泛关注。可以说，在目前的超音速战斗机中，YF-23A 的雷达隐身性能是首屈一指的，而它的红外隐身性能更是无与伦比。现役的机载或地面的红外探测装置很难从 YF-23A 的前方、侧方和下方探测到它的红外信息。

飞机的红外信息源主要产生于发动机和尾喷口。YF-23A 在降低飞机的红外信息特征方面采取了一些很巧妙的设计。首先，该机装备的 YF119 和 YF120 高推重比涡扇发动机的燃烧效率高、排气温度低；其次，它采用了先进的二元喷口技术，由这种喷口喷出的尾喷流很容易与来自前方的外界冷空气掺混，降低排气温度；第三，该机的两个呈 V 字形的尾翼相距很宽，将一对二元喷口包在里面，遮蔽住向侧方散发的红外信号；第四，大部分战斗机的喷口都位于机身的尾部，而 YF-23A 却将喷口的位置前移，使之处于翼身融合体的上方。这样，可进一步减弱飞机的红外特征。

采用上述措施后，红外探测系统就较难发现 YF-23A 战斗机了。

（傅前哨）

为什么先进战斗机多采用
涡轮风扇式发动机

　　第二次世界大战前的战斗机几乎全都装的是活塞式螺旋桨发动机。20 世纪 40 年代中期，是活塞式螺旋桨飞机独占航空的鼎盛时期。随后，活塞式战斗机便逐步被喷气式战斗机所取代。喷气式飞机是以喷气发动机为动力，利用喷射高速气流直接产生反作用推力的飞机。喷气式飞机适合于高速飞行，特别是超音速飞行。其最大速度远远高于活塞式飞机。

　　世界上第一架喷气式飞机是由德国人于 1939 年研制成功的。由于当时掌握的喷气技术尚不成熟，因此，未能得到广泛应用。第二次世界大战后，喷气式飞机才得到长足的发展。美、苏、法、英等国先后研制成功第一代喷气式战斗机 F-80、F-84、F-86、米格-9、米格-15、"猎人"、"飓风"等；20 世纪 50 年代又设计出了第一代超音速战斗机 F-100、F-4 "闪电"、米格-19、米格-21 等。

　　上述战斗机采用的都是涡轮喷气式发动机，涡轮喷气发动机比活塞发动机推进功率大，且具有体积小、重量轻、构造简单、平稳性好等优点。但是，其低空低速性能比活塞发动机差，且燃油消耗量大、噪声大、经济性差。

　　为了克服涡轮喷气式发动机的缺点，20 世纪 60 年代，人们研制出

在幻影 2000 型飞机上安装的 M53 型涡扇发动机

了涡轮风扇发动机（简称涡扇发动机），它是在普通涡轮喷气发动机的基础上，加装了由涡轮带动的风扇和一个外函道。

与涡轮喷气发动机相比，涡扇发动机具有高速飞行时推力大、不加力时的经济性好、排气速度低、推进效率高、噪声小等优点。装在战斗机上有助于提高飞机的机动性能、增大航程和改善隐身性能。因此，目前世界上最先进的战斗机，如 F-15、F-16、F-18、米格-29、苏-7、"幻影" 2000 等都采用了涡扇发动机。而隐身飞机如 F-117A、B-2、F-22 等，更是把涡扇发动机作为首选动力装置。

不过，涡扇发动机也具有一些缺点：如与同一推力级的涡喷发动机相比，其外径较大；迎面阻力大；结构比较复杂等。未来的军用涡扇发动机的发展方向是缩小函道比、增大推重比、简化结构、提高可靠性。

（傅前哨）

为什么现代新式战斗机大都
采用腹部进气的方式

喷气式战斗机采用的进气方式多种多样，且随着战术技术要求的发展而不断地变化。

早期的喷气式飞机大部分都采用头部进气方式，如美国的 F-86、苏联的米格-15、米格-17等。头部进气的优点：①飞机的外形阻力小；②进气道的拐折小，进入发动机的气流比较顺畅；③结构简单、重量轻。缺点：①在头部进气道内很难安装大功率的雷达，且进气道唇口对雷达的效能有影响；②采用头部进气方式，使进气道变得较长，内流损失较大；③头部进气影响飞行员的视界。

在研制第一代超音速2倍的战斗机时，美国、法国、瑞典的设计师们摒弃了头部进气方式，相继发展出了 F104、"幻影"Ⅲ、Saab-35"龙"等采用两侧进气的超音速战斗机。随后，苏联的工程设计人员也放弃了他们喜爱的头部进气方式，选择了两侧进气，研制成功米格-23、米格-25、苏-15等型高速战斗机。

两侧进气的进气道长度比头部进气短，内流阻力小，且能将飞机头部解放出来，安装雷达、激光测距仪、红外探测器等机载设备。另外，飞行员的视界也得到较大改善。但这种进气方式的缺点也很明显：一是其外形阻力比头部进气方式要大；二是结构较复杂；三是飞机侧滑时，受机身的影响，两个进气口的进气效率会产生较大的差异，影响发动机的正常工作。

为了克服两侧进气的缺点，又有人设想了腹部进气的方案。1974年2月，世界上第一种采用腹部进气口的超音速战斗机 F-16 试飞成功。该机良好的机动性能，受到了军方的高度评价。F-16 飞机机动性能的改善，也有腹部进气的一份功劳。与两侧进气相比，腹部进气结构简单、重量较轻；飞机侧滑飞行时，对发动机的进气效率影响较小；在作大迎角机动飞行时，其进气效率还有所提高。

继 F-16 之后，欧洲研制的 EFA 战斗机、以色列设计的"狮"式战斗机、日本正在开发的 FS-X 战斗机等也都采用了腹部进气方式。苏联研制的米格-29、苏-27 等最新一代战斗机选择的进气方式与 F-16 略有不同，为两肋翼下进气，但其设计思路与 F-16 是基本一样的。

腹部进气的主要缺点：一是前起落架的位置不好布置；二是由于进气口距离地面较近，容易吸入砂石，对跑道的要求较高。为了防止将砂石吸入进气道，打坏发动机，某些采用腹部进气方式的飞机，在进气口处加装了防尘网等装置。

（傅前哨）

为什么先进的隐身飞机却采用效率差的背部进气方式

就其对飞机机动性的影响而言，在头部进气、两侧进气、腹部进气和背部进气等几种发动机进气方式中，背部进气方式可以说是效率最差的。

当飞机在起降时或以大迎角作机动飞行时，设在机身背部或机翼后上方的进气口，便会处于不利的工作环境里。在大迎角状态下，机身头部和机翼前缘的气流很容易出现分离，被"包裹"在紊乱气流中的进气口，将很难保证吸入的气流能满足发动机正常工作的需求。在此情况下，发动机的工作状态必然会受到干扰，使效率降低，严重时，还会造成发动机停车的故障。

当然，在飞机作小迎角平飞时，背部进气方式，还是可以接受的，其工作效率与两侧进气等进气方式相当。不过，飞机在空中飞行时或在起降时，不可能仅保持一种飞行状态，使用大迎角，在所难免。因此，大多数飞机设计师在选择战斗机等军用飞机的进气方式时，一般都不会考虑背部进气的设计。

近年来，随着隐身技术的发展，一些新研制的隐身飞机、隐身导弹却偏偏选中了不受人们青睐的背部进气方式，这是为什么呢？

隐身飞行器采用背部进气道设计，自然是为了达到隐身的目的。在飞机的几个大部件中，进气道对雷达波的反射是较强的，必须想办法减弱其反射特性，例如采用Ｓ形进气道；在进气口处涂敷吸波涂料等。但这些措施都不能保证进气道完全不反射电磁波。最理想的方式是将进气口"藏"起来，不让雷达波照射到它。

对于需要突防到敌区上空实施对地攻击的轰炸机、强击机和巡航导弹来说，主要的威胁来自敌方地面的探测雷达和制导雷达。如果将进气道放在飞行器的背部，就可使之避开敌方地面雷达的照射，从而大大减小飞机的雷达反射截面积。因此，尽管背部进气方式有诸多缺点，先进的隐身飞机，如Ｆ-117Ａ、Ｂ-2等还是愿意采用雷达隐身效果好的背部进气道。

（傅前哨）

为什么先进的战术战斗机和
隐身飞机要采用矩形喷口

在人们的印象中，飞机发动机的喷口都是圆形截面的，采用圆形喷口的道理也很简单，圆筒形的喷管排气阻力低、强度大、结构重量轻，无论从哪个角度看，它都是很理想的。

然而，细心的读者也许会发现，近年来试飞和投产的一些军用飞机已开始采用具有一定长宽比的矩形喷口了，这是为什么呢？

矩形喷口，又称为二元喷口。其构想最早是由美国人提出的，从20世纪70年代至今，经过20多年的研究，这项涉及到空气动力、推进系统的新技术已日趋成熟。

尽管与圆形喷口相比，矩形喷口存在着重量较大、对冷却的要求较高、喷管内部性能不够理想等缺点，但它也具有许多圆形喷口难以企及的优点。

第一，在矩形喷口上容易实现推力矢量控制。通过操纵设置在矩形喷口上的调节板，尾喷口可以在一定角度内作上、下、左、右的偏转，提供俯仰和横侧操纵力矩，从而达到控制飞机姿态的目的。如果在矩形喷口上安装反推力装置，还能使飞机实现急减速，通过推力矢量控制，可大大改善飞机的瞬时机动性、缩短起降滑跑距离。如果飞机的俯仰和横侧操纵完全由矩形的推力矢量喷口承担，就可以取消飞机的水平尾翼

喷口设在机翼后缘的飞机

和垂直尾翼，飞机的性能还可提高。

第二，有助于增大飞机的升力系数。当矩形喷口向下偏转时，不但能提供矢量升力（推力升力），而且还可以诱导超环流（在喷流的作用下，加速了机翼、机身上表面的气流），产生很大的气动升力增量。如果将大长宽比的二元喷口设在机翼后缘，当它向斜下方排气的角度超过35°时，由超环流引起的气动升力甚至会高于推力升力。

第三，矩形喷口有助于改善飞机的隐身特性。矩形喷口容易与机翼、机身融合，使飞机的雷达反射截面积大大减小。另外，从矩形喷口排出的燃气流比轴对称的圆形喷口排出的燃气流更容易与外界空气掺混，而迅速降温，使飞机的红外特征减弱。如果在喷口内加装中心楔体，构成双喉道二元楔体喷口，可以从后方遮挡住发动机涡轮（作为高温部件，发动机涡轮是一个很强的红外辐射源）。试验表明，在飞机后半球范围内，二元楔体喷口可使红外信息特征降低 90%，折合成跟踪

减速状态

巡航状态

推力调整状态

二元喷口的几种工作状态

距离，则可减小 45％。

二元（矩形）喷口的上述优点如能被作战飞机充分利用，将可大大改善飞机的战术技术性能。因此，先进的战术战斗机和隐身飞机，如F-22、F117A、B-2 等都采用了二元喷口。

（傅前哨）

为什么有些运输机要把发动机
喷口置于机翼上方

　　1991 年 3 月，苏联的航空工业部门组团来华进行飞机展示和表演。3 月 22 日，8 架苏联最新型的飞机，在北京南苑机场为数千名观众作了精彩的飞行表演。在这 8 架飞机中，大部分是战斗机和强击机，只有一架是运输机，但这架运输机所作的飞行表演，并不比战斗机逊色多少。它在跑道上仅滑跑了很短的距离，便离地升空，先以大角度爬升至三四百米，接着以接近于 90° 的大坡度转弯。通场后，在机场跑道头上空又作了一个大坡度转弯，然后以很大的俯角下滑、着陆。

　　该机的表演给人留下深刻印象：一架中型运输机竟能做出小飞机的动作！人们不禁会问，运输机是否需要这样的机动性能？若需要，它是怎样达到的？

　　还是让我们先对这架表演飞机作些分析吧。该机名叫安-72，是苏联（现乌克兰）安东诺夫设计局研制的一种双发短距起降运输机，一般的喷气式客机和运输机都把发动机舱放在翼下或尾部，而安-72 却将发动机置于翼上。它为什么要这样设计呢？因为将发动机安装在机翼之上，能获得额外的好处。当尾喷流从机翼上表面流过时，可增大机翼上下表面的流速差和压力差，使巡航升力系数提高。在正常起飞、着陆时，襟翼放下 25°～30°（最大时可达 60°），在柯安达效应（又称射流附壁效应）作用下，发动机喷流会贴着机翼和襟翼上表面流下，进一步增加机翼升力，且气流不分离。这样，飞机的起降滑跑距离便可大大缩短。

最先利用柯安达效应设计出翼上发动机布局运输机的，不是苏联人，而是美国人。早在 20 世纪 70 年代中期，美国人就制造出了采用这一技术的 YC-14 运输机验证机，后来又搞了一种 QSRA（低噪音短距起降研究机）。但上述两种飞机只用于验证和研究，没有投产。因此，苏联人反而后来居上，搞出了实用型的飞机。

在设计翼上发动机布局飞机时，人们曾有一种担心。发动机的喷流温度很高，而飞机的机翼是用铝合金制造的。长期在高温下工作，机翼能受得了吗？试验证明，这种担心是多余的。在外界冷气流的掺混下，发动机喷流降温很快，其温度比人们想象的要低得多，机翼完全可以承受。

另一种担心是，利用发动机的喷流给机翼增升，固然很好，但如果飞机一侧的发动机在空中停车，那么不仅会丧失一半的动力升力，而且在另一侧发动机的作用下，还会产生很大的倾转力矩，飞机将难以控制。这种担心是有道理的，为了解决此问题，采用翼上发动机布局的飞机，都尽量将两侧的发动机向机身中线靠拢，以免在单台发动机出现故障时，产生过大的倾转力矩。

（傅前哨）

为什么先进战斗机大都采用主动控制技术

主动控制技术（ACT）是 20 世纪 60 年代末出现，70 年代和 80 年代取得长足发展的一种具有革新意义的飞机设计技术，目前在军用和民用飞机上都获得了广泛的应用。军用飞机采用主动控制技术后，可大大提高战斗机的作战效能和生存率，减轻驾驶员的工作负担，开发出许多新的战术动作。

所谓主动控制技术，实际上是一种现代反馈控制技术。在飞机研制的初期，就将这项技术与空气动力、结构、推力系统综合考虑，而设计

采用主动控制技术的 FS－X 战斗机

出的飞机，称为随控布局（CCV）飞机。其最早的代表是 F-16 战斗机。随后，F-18、"幻影" 2000、苏-27 以及 20 世纪 80 年代以后研制的先进战斗机都采用了这项技术。

采用主动控制技术后，可以使飞机获得放宽静安定度、直接升力控制、直接侧力控制、机动载荷控制、阵风载荷缓和控制、机体颤振控制、乘座品质控制等特殊的功能。上述功能有些已进入实用阶段，如放宽静安定度、机动载荷控制、阵风载荷缓和控制等，可使战斗机的配平升力提高、配平阻力降低、结构重量减轻，改善飞机的机动性和武器投射精度，并增大飞机的航程。由于放宽了静安定度，使飞机的水平尾翼也能提供正升力，主翼因此可减小 10％ 的面积，水平尾翼亦可减小 35％ 的面积，并使飞行阻力降低，飞机的总重量也将随之减少 15％。放宽静安定性后，飞机的敏捷性将大大改善，转弯速率能提高 20％ 左右，这在空战格斗中是非常有利的。

至于主动控制技术的其他一些功能，如直接升力控制、直接侧力控制等，尽管已经试飞成功，但由于在设计和飞行人员适应能力等方面还存在某些问题，有待进一步研究后，才能应用。

主动控制技术（ACT）的技术基础之一是电传操纵系统（FBW）。电传操纵系统分为模拟式和数字式两种类型（后者比前者先进），美国的 YF-22、法国的"阵风"、瑞典的 JAS-39 战斗机采用的是数字式电传操纵系统，而俄罗斯的苏-27采用的则是模拟式电传操纵系统。

电传操纵系统的主要缺点是抗雷击和抗大功率电磁脉冲的能力不强。遇到大功率电磁脉冲干扰，飞行员将无法控制飞机。目前，西方国家正在发展抗干扰能力强的光传操纵系统（FBL），以解决这个问题。

（傅前哨）

为什么有些战斗机能够垂直起降

现代战斗机为了达到高速飞行的目的，一般都要采用较大的后掠角和较小的翼展，这样一来，飞机的最大速度是提高了，但起降滑跑距离也随之大大增长了。20世纪五六十年代的高速战斗机的起降滑跑距离一般都在1000米左右，飞机对机场跑道的要求和依赖程度都较之以往有所增加，而机场又是一个巨大的固定目标，极易遭到敌方的攻击。机场一旦被袭，飞机便无法起飞，只有挨打的份。二战初期和第三次中东战争初期，德军和以军之所以能击毁大量对方飞机，夺得制空权，就是因为采取了突袭敌机场的战术。

有鉴于此，一些发达国家都很重视发展垂直起降战斗机，因为这种战斗机可以不依赖机场。

研制垂直起降战斗机的第一个高潮，是在20世纪50年代掀起的，美、英、法、德等国研究了几十个方案。结果，由于技术和经费上的问题，又都纷纷下马。只有英国人坚持下来，将一种代号为P.1127的试验原型机发展为世界上第一种实用的垂直起降战斗机——"鹞"式飞机。

20世纪70年代，苏联也研制出一种称为雅克-38的垂直起降舰载攻击机。该机采用的技术与"鹞"式不同，但与德国于20世纪60年代初研制的VAK-191B很相似。

"鹞"式飞机

"鹞"式飞机装有一台"飞马"式涡扇发动机，在该发动机前后有4个可旋转 $0° \sim 98.5°$ 的喷口，以提供垂直起降、过渡飞行和常规飞行所需的动力升力和推力。

雅克-38飞机装有3台发动机，其主推进装置是一台AJI-21涡喷发动机。该发动机的后部有一对可转向的侧喷口。在雅克-38的前机身有两台垂直安装的升力发动机。垂直起飞时，主发动机的喷口转向下方，与升力发动机一起，产生推力升力，托举起飞机。

当"鹞"式等飞机作垂直起降时，飞机的速度很小，各操纵舵面基本上不起作用。此时，必须依靠机翼翼尖、机头和机尾的喷气反作用喷嘴，控制飞机的姿态。

与常规飞机相比，在正常飞行时，带4个喷口的"鹞"式飞机的阻力比较大，而雅克-38还要负担两个升力发动机的"废"重量，再加上垂直起降时的耗油率很高，因此，这类飞机的经济性不好，航程和作战半径都比较小。

为了提高垂直起降战斗机的经济效益，美国和英国正在合作研究几种气动阻力较小、结构重量较轻、耗油率较低的"先进短距起飞/垂直着陆"战斗机方案。这几种方案计划分别采用轴传动的或燃气驱动的前置升力风扇系统，飞机的各项性能可望有较大的提高。

（傅前哨）

为什么有些雷达能发现隐身飞机

隐身技术是航空装备发展中新出现的一种综合性的高技术。采用了隐身技术的飞机，可在一定范围内，降低其自身的目标信号特征，使之难以被敌方的声、光、电等探测手段所发现。在所有的探测器中，雷达对飞机构成的威胁最大，因此，反雷达的隐身技术发展也最快。目前，先进隐身飞行器的雷达反射截面积已降低到 0.1～0.001 平方米。

不过，具有雷达隐身能力的飞行器，并非对所有的雷达都有效，某些波长和制式的雷达，可以发现隐身飞机和隐身导弹。如长波雷达、超视距雷达、双（多）基地雷达、无载波雷达、无源雷达（又称无源探测系统）、天基雷达（星载雷达）等。

隐身飞机对付现役的厘米波雷达比较有效，但遇到波长较长的米波雷达，其隐身效果便要大打折扣。因为无论飞机外形怎样设计，由于整个机身尺寸与米波雷达的波长相当，必然会产生某些谐振而引起较强的反射。长波雷达的另一优点是能够对付涂有吸波涂料的飞机。目前的吸波涂料要求涂层厚度与波长成一定比例，其对微波的吸收效果较好，而对长波则没有太大的作用。

隐身飞机采用了一些特殊的外形设计，可使机体散射的雷达信号，偏离辐射源方向。而双（多）基地雷达，正好利用了这一特点。它由一部雷达发射机提供目标照射，而由设置在另一地的接收机接收目标的反射波，这样，就可达到发现隐身飞机的目的。

多数隐身飞行器对来自下方、侧方和后方的雷达波有较好的隐身特性。因为对飞机来说，这几个方向是主要的威胁方向，所以在设计上，作了重点保证。而如果雷达波辐射源来自上方，一般的隐身飞行器便难以遁形了。由于天基雷达是从外层空间向下发射雷达波的；超视距雷达是利用电离层的折射从上向下探测远距离的目标的，因此它们都可以发现隐身飞机。但超视距雷达的探测精度较低，还需辅以其他的探测手段。

无源雷达不是真正意义上的雷达，它不发射电磁波，但可接收电磁波。只要隐身飞行器在飞行中使用机载雷达、通信系统、无线电测高系统等辐射电磁波的设备，无源雷达就能通过接收到的由隐身飞机发射的这些信息，给目标定位。

（傅前哨）

为什么说电磁脉冲武器是隐身飞机的克星

在军事科学界，微波武器与激光武器和粒子束武器一起被并称为新一代的定向能武器。在这三大新概念兵器中，微波武器是研制费用最低、也是最容易实现的一种，因而它受到了一些先进国家的高度重视。

微波武器主要是靠高能量的电磁辐射攻击和毁伤目标的，其辐射频率范围主要在无线电波段中的微波波段（0.5千兆赫～300千兆赫）。

微波的传播速度接近或等于光速，它具有穿透能力强、抗干扰性好、能被某些物质吸收等特点。在一定距离内，由微波武器发射出的电磁脉冲，可干扰和破坏敌方的敏感器件、电子设备，并能对人员造成伤害。

高能微波可通过核爆炸产生，其影响范围相当广阔，但核武器不能轻易使用，因此，目前重点发展的是常规微波武器。常规微波武器分为两种，一种是"非核电磁脉冲弹"，即微波炸弹；另一种是固定或机动的地面站式的定向高能微波武器。

微波武器可用于攻击各种地面、空中和海上的目标，但从某种意义上说，它对现代战斗机的威协最大。当今世界上最先进的战斗机、轰炸机，可称得上是"全电飞机"或"电脑飞机"，其飞行操纵系统、发动机控制系统、导航系统、火力控制系统等几乎完全要依靠电子计算机和微处理器。F-15、F-16、米格-29等先进战斗机，若被高能微波束照射到，轻则会导致机载电子设备发生故障，重则可使飞机失去控制，驾驶员除了跳伞逃生，别无它途。

最忌惮微波武器的是 F-117A、B-2、F-22 一类的隐身飞机。这些飞机为了达到隐身的目的，需尽量减少翼面，有的连水平尾翼和垂直尾翼都取消了，这样一来，必须采用电传操纵系统、推力矢量控制系统等先进技术，方能解决飞机的纵向和横向安定性及操纵性问题。可以说，隐身飞机对机载电子设备的依赖程度更高，也更怕强电磁脉冲的干扰和攻击。

另外，为了改善全机的隐身效果，它们的结构和外表都要采用吸波材料和涂料，以便大量吸收雷达波的能量，不使之反射回去。由于目前大部分的军用雷达工作在微波波段，因此，隐身飞机的外部涂层多选择微波吸收材料，而这又恰恰构成了隐身飞机的一个致命的弱点。因为对微波武器而言，吸收而不是反射微波，正是它求之不得的。

当隐身飞机不幸被微波武器发出的高能电磁波束照射到时，其机体会由于吸波材料过量吸收微波辐射而产生高温。轻则因瞬间加热而失去控制，重则整架飞机都会被烧毁、熔化。

可以说，在未来战场上，微波武器是隐身飞行器的克星。

（傅前哨）

为什么大多数预警飞机要在
机身上背一个"蘑菇"包

在海湾战争的电视新闻片和一些军事资料片中，人们常常可以看见一种机体像客机，但在其背部驮着一个大"蘑菇"包的飞机，在空中飞行。这是一种什么飞机？它是干什么用的呢？

在军界和航空界，人们将此类飞机称之为"空中预警指挥机"（简称预警机）。预警机机身上方安装的"蘑菇"包，实际上是一个圆盘状的整流天线罩，内装雷达天线、敌我识别天线、高速战术情报数据传输天线、空调系统等。

为何要把一个如此庞大的雷达用飞机带到天上去呢？这主要是为了增大雷达的探测范围。地面雷达由于受地球表面地形、地物的影响，以及地球曲率的限制，难以发现低空飞行的目标。当然，将雷达天线升高，可以改善雷达的探测能力，减小盲区，但架高天线代价大，收益小。例如，某型地面雷达的天线高度为4米时，其对低空目标的探测距离只有37千米；当天线高度架到100米时，对低空目标的探测距离也仅提高到70千米。天线架得越高，施工难度越大，且不易保养和维修。而如果利用飞机和飞艇等航空器将雷达或天线带到天上去，效益便可大大提高。当载有相同雷达的飞机飞到6000米高空时，雷达的探测距离可扩大到350千米左右，其警戒覆盖面积相当于几十部地面雷达。

美 E-3 预警机

除了警戒范围大，预警机还有其他许多优点，如机动性强，能根据需要迅速飞抵不同的地区执行侦察巡逻的任务；生存率较高，地面雷达站多建在高山上，移动不便，易遭敌攻击，而预警机能远距离发现敌低空目标，引导我机实施拦截，并能迅速离开危险区。

预警机机载雷达的"下视"能力非常重要，如果雷达抗地、海面杂波的能力差，就难以发现掠海飞行或在复杂地形上空飞行的目标。因此，机载预警雷达必须采用比较先进的体制或比较先进的技术。美国的E-2C预警机和前苏联的图-126预警机的雷达采用了延迟线固定目标对消技术，从而具有了海上下视与一定的陆上下视能力。

美国 E-3A 预警机装备的 A./APY-1 型脉冲多普勒雷达更为先进。它可选用脉冲或脉冲多普勒、高脉冲重复频率或低脉冲重复频率、垂直扫描或不垂直扫描、主动或被动等多种工作方式，有效地滤除各种杂波，以适应下视、超地平线远程搜索、海上目标搜索等不同作战任务的需要。

预警机背负一个圆盘形的雷达天线罩，会使全机阻力增加 30％左右，且会对飞机的操纵特性带来很大影响。为克服这一缺点，国外新研制的预警机已开始采用保形天线（雷达天线与机身、机翼融为一体）或固定在机背上的平衡木式相控阵雷达天线等对飞机的飞行性能影响小的天线。

（傅前哨）

为什么说机载电子干扰
系统是"软杀伤"武器

　　机载电子干扰系统是机载电子对抗系统的重要组成部分，它主要用于对敌方的警戒雷达、炮瞄雷达、导弹制导雷达、通信系统、导弹等进行电子干扰，使其通信中断、雷达迷盲、武器失控。

　　电子对抗最早萌发于 20 世纪初的日俄战争，正式登上战争舞台是在第一次世界大战期间，而得到广泛应用则是在第二次世界大战期间。因为二战时，不但通信技术已取得长足的进步，就是刚发明不久的雷达也迅速在陆、海、空三军中普及。为了能在战争中有效地对付敌方的防空雷达和通信系统，电子对抗技术也在不断发展，并出现了一些新的电子对抗手段。20 世纪 40 年代初，英、德两国都研制出了专用的电子干扰机，互相干扰对方的雷达，取得了较好的效果。1943 年 6 月，英国空军在空袭汉堡时，首次使用箔条干扰德军的夜间战斗机雷达和地面炮瞄雷达。有趣的是，最先发明箔条干扰方法的并不是盟国，而是德国人，由于希特勒害怕这种电子对抗技术落入敌手，曾一度下令中止了该技术的研究。

　　战后，电子干扰技术不断发展完善，并出现了许多著名的专用电子干扰飞机，如 EA-6B、EF-111A 等。这些电子干扰飞机在近年来的几次局部战争中，曾大显身手，受到了各国军方的重视。

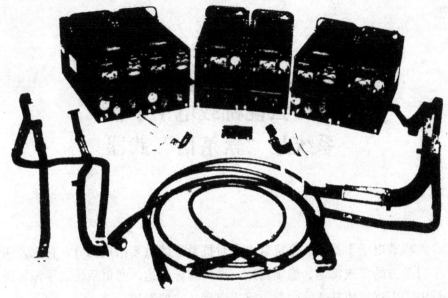

ALQ-135 电子干扰机

机载电子干扰系统按其干扰来源可分为有源干扰（如阻塞式电子干扰机、红外干扰机等）和无源干扰（如箔条、空气电离溶胶等）；按作用性质又可分为压制性干扰和欺骗性干扰。

尽管机载电子干扰技术发展很快，干扰手段和方法不断增多，但在使用时，它们都仅是导致敌方的通信系统、雷达情报系统等受到干扰和欺骗，而不是将其摧毁或破坏。达到掩护己方的突防行动或躲避攻击的目的后，只要不再实施干扰，敌方的情报、侦察和通信系统等仍能正常工作。因此，人们又把机载电子干扰系统称为"软杀伤"武器。

（傅前哨）

为什么说反雷达导弹是"硬杀伤"武器

　　将反雷达导弹定义为"硬杀伤"武器，是为了与被称为"软杀伤"武器的电子干扰系统相对应。因为这两种手段都是专门用来对付电磁辐射源的电子对抗武器，只不过前者是通过"摧毁"的方式，后者是通过"干扰"的方式来达到目的的。

　　反雷达导弹又称为反辐射导弹，它主要利用敌方雷达的电磁辐射进行导引，攻击敌方雷达及其载体。反雷达导弹的种类较多，大致可分为空对地、空对空、舰对舰、地对地反雷达导弹等类型。其中，最先研制成功、装备部队最多、使用最广泛的是空对地反雷达导弹。

　　世界上第一种反雷达导弹是美国研制的 AGM-45A "百舌鸟"。该弹于 20 世纪 50 年代末期开始研制，1964 年投入生产，1965 年就匆忙在越南战争中使用，用于攻击防空导弹的制导雷达、高炮炮瞄雷达和警戒雷达，取得一定的效果。

　　反雷达导弹主要由弹体和弹翼、制导设备、战斗部、动力装置等组成，战斗部由触发和非触发引信起爆。空对地反雷达导弹通常用于攻击选定的目标，其作战使用大致分为 4 个阶段：载机和导弹搜索引导阶段、瞄准发射阶段、导弹自由飞行阶段和导弹控制飞行阶段。

　　现代反雷达导弹的典型代表是"哈姆"（HARM）高速反雷达导弹。海湾战争中，多国部队大量使用这种导弹攻击伊拉克的预警和防空

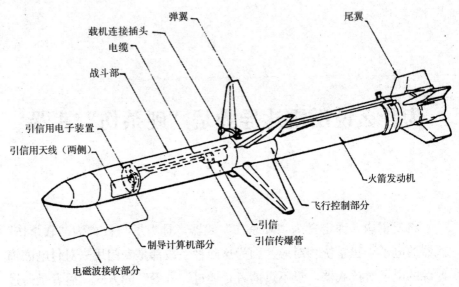

"百舌鸟"导弹结构图

系统，其战绩令人瞩目。

现代反雷达导弹采用的先进技术主要有：制导系统采用宽频带固定天线阵，能覆盖当前所有威胁雷达的频率，可用来攻击任何已知的陆基和海基雷达。采用预编程序导向技术，即使敌方雷达关机，导弹也能飞向目标。有的反雷达导弹还有"空中停留"功能（可达 2 分钟），待敌雷达再开机时，立即投伞、发动机点火、冲向目标。机载系统使用大容量高速计算机，可存储敌方全部雷达目标数据，作战时能在极短时间内处理目标和攻击参数，并传输给导弹和显示给飞行员。

（傅前哨）

为什么巡航导弹飞行上千
千米仍能精确命中目标

　　1944 年夏日的一个夜晚，伦敦市上空突然响起了刺耳的警报声。市民们还没有来得及进入防空洞，巨大的爆炸声就响彻了全城。探照灯的光柱像许多把雪亮的刺刀，迅速地划过夜空，可是找了半天，也没有发现敌机的影子。原来，此次空袭伦敦的，不是飞机，而是德国制造的一种新式武器，它的名字叫 V1 导弹。V1 是世界上最早的巡航导弹。

　　巡航导弹又称飞航式导弹，它指的是依靠发动机的推力和弹翼产生的升力，在大气层内主要以巡航状态飞行的导弹。从广义上讲，大部分的反舰导弹、空对地导弹以及某些地对空和空对空导弹均可归入巡航导弹之列。不过，目前人们常说的巡航导弹，主要是指 BGM-109 "战斧"一类的战略巡航导弹和远程战术巡航导弹。

　　巡航导弹主要由下面几部分组成：弹体、弹翼、尾翼、动力装置、制导和控制装置、战斗部、燃料箱、助推器等组成。弹体和弹翼多用铝合金和复合材料制成，弹翼和进气道分为固定式的和伸缩式的，后者的弹翼和进气道在发射后才相继展开和伸出。为了增大导弹的射程，先进的巡航导弹多采用耗油率低的涡轮风扇发动机。

　　一般的地对地中程弹道导弹主要采用惯性制导，它除一小段有动力飞行并进行制导的弹道外，几乎全部沿着只受地球重力作用的椭圆弹道飞行，可以说，其运动轨迹是基本不变的。而战略巡航导弹和战术远程巡航导弹在几百千米至一二千千米的射程内，它的航迹是随着地形的起伏、敌方防空兵力部署的情况而不断变化的。AGM-86、BGM-109 等空中发射和地、水面发射的巡航导弹，之所以能够机动飞行 2000 多千米，还能精确命中目标（圆概率误差仅几米至几十米）。是因为这类导弹采用了由地形匹配辅助的惯性导航系统。

在发射前，将攻击目标的各种数据和导弹所经过地区的地形特征数据等输入制导系统内。巡航导弹在飞向目标的过程中，根据弹上雷达高度表测出的实际地形高度和事先贮存在计算机里的数字地图，利用表决技术在相关器内进行数字相关（匹配），求出惯导系统的累计误差，形成控制指令，控制导弹沿着预定航向飞行。在飞越较平坦地区时，根据高度表指示的高度，将导弹的巡航高度降至离地 15～30 米；在崎岖的山岳地带飞行时，则升至离地 150 米左右的高度。为了规避敌方防空火力的拦截，在接近敌防空区时，导弹可根据计算机的指示作全方位转弯飞行。抵近目标时，用较高精度的数字地图进行精确修正，以确保导弹能准确命中目标。

这种制导方式的缺点是，必须依靠由航空或卫星测绘的等高线地图，并将等高线地图转换成数字地图，在发射前存入计算机。地图的精度影响导弹的攻击精度，若没有相关地区的地图，巡航导弹就无法使用。美军在海湾战争中就碰到过这一问题。目前，一些远程巡航导弹已改为使用更为简便的 GPS 定位系统辅助制导。

（傅前哨）

为什么新一代的防空导弹
要采用垂直发射方式

地（舰）空导弹的发射方式主要有两种，一种是倾斜发射，另一种是垂直发射。第一代装备部队的防空导弹，既有采用倾斜发射的（如苏联的 SAM-2 导弹等），也有采用垂直发射的（如美国的"奈基""波马克"导弹等）。但后来研制的各型地对空导弹，则几乎都选择了倾斜发射的方式，如 SAM-6、"罗兰特"、"霍克"等。到底采取倾斜发射好，还是采用垂直发射好，在相当长的一段时间内，人们似乎没有做过深入的研究。

通过近年来几次局部战争的实践检验，军界人士发现，面对多方向、多批次、大规模的连续袭击，用倾斜的方式发射地对空和舰对空导弹存在许多缺点：一是倾斜式发射不能提供全方位覆盖，可转动的发射装置存在盲区（舰上倾斜发射的，盲区会更大）。这样，难以对付同时来自不同方位的空袭目标；二是每个发射架上可容纳的数量有限，作战时需多次装填，装填后的导弹和发射装置又要重新瞄准目标方向，这就限制了武器的发射速度，延长了作战反应时间；三是作战时发射装置要与跟踪雷达同步运转，增加了武器系统的复杂性和体积重量。

针对倾斜发射的上述弱点，近年来，一些新型的和研制中的地对空导弹已开始采用垂直发射方式，如苏联的 C-300、SA-12，法国的

"奈基"-1型导弹待发状态

SA-90，德国的 FMS-200 等。美国新建造和改装的一些大型水面舰只上的舰对空导弹也大多选择了这种发射方式，如"标准"、"西埃姆"等。

垂直发射与倾斜发射相比，具有以下优点：一是全方位覆盖能力强，可同时对付来自不同方向的目标；二是增强了武器系统的快速反应能力，不需要发射装置与跟踪雷达同步运转对准来袭击目标，不需要导弹的再装填，垂直置于甲板下和储弹箱内的导弹可以经常处于待发状

美"提康德罗加"级巡洋舰装有垂直式导弹发射系统

态；三是能够连续发射数枚导弹，攻击不同方向的多个目标；四是武器系统体积小，重量轻，同样体积和重量的武器系统可携带更多的导弹；五是导弹可以放在掩体内或甲板下，便于隐蔽，增强了武器的生存能力；六是能源消耗减少，费用降低，效率提高；七是维护使用方便，可减少武器的操作和维修人员。

鉴于垂直发射的这些优点，不少新研制的地空导弹和舰空导弹都准备采用这种发射方式。当然，并非所有的地对空导弹都应采用垂直发射，一些带弹较少的车载式低空防空导弹系统，采用倾斜发射方式，就比较适宜。

（傅前哨）

为什么有的空对空导弹被称为
"发射后不管"的导弹

1992 年 12 月 27 日，在伊拉克南部"禁飞区"上空发生了一场空战，这场空战由于使用了一种新型导弹，而引起了各国军界的广泛关注。

当地时间 27 日上午 11 时左右，美空军两架 F-16C 战斗机在地面引导下，拦截了两架进入"禁飞区"的伊军米格飞机。美机对迎面飞来的伊军飞机发射了一枚 AIM-120"先进中距空空导弹"，当场击落一架米格-25 战斗机。

AIM-120 是美国研制的一种被称为"发射后不管"的中距空对空导弹。它的首次使用，并取得战果，揭开了空战史上新的一页。在此之前的超视距空战，由于大多采用半主动雷达制导的导弹，发射导弹后，载机必须保持对目的跟踪和照射、直到击中目标。在这段时间里，载机不能做大的机动，很容易遭到敌方的攻击，甚至可能出现空战双方都被对手击落的结局。

AIM-120 以及法国的"米卡"、俄罗斯的 P-77 等新一代的中距空对空导弹的最大特点是"发射后不管"，因而可以在一定程度上避免上述缺点。这些导弹均采用主动雷达制导的方式，它们可以依靠弹上的雷达搜索和跟踪目标，而不需要机载雷达和飞行员的帮助。允许飞行员发射完导弹后，立即作机动飞行，以避开敌方的威胁或对另一个敌方目标进行攻击。

不过，严格地讲，被国外军事专家称为"发射后不管"的几种中距空对空导弹，并非完全的"发射后不管"，它们仅在攻击 20 千米左右的空中目标

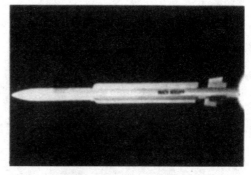

法国的"米卡"空空导弹

时，可以"发射后不管"，因为导弹的直径小，弹上雷达的作用距离也就 20 千米左右。在这段距离内，导弹发射前，弹上的制导雷达已跟踪上了目标，发射后，飞行员自然可以不管，但超过了这一距离（如攻击 50 千米外的目标），弹上雷达不起作用，发射后，必须先依靠指令引导，待接近目标后，才利用弹上雷达进行自主制导。显然，从 AIM-120、P-77、"米卡"等导弹的使用情况看，它们还不是完全的"发射后不管"的空对空导弹。

那么，世界上有没有真正的"发射后不管"的空对空导弹呢？有的，那便是各国空军目前已广泛使用的红外制导的空对空导弹。在整个射程范围内，红外导弹都是依靠本身的导引头，自动跟踪飞机的红外源的。只不过在军界和航空界，人们没有用"发射后不管"的导弹来称呼它们罢了。现役的红外制导的导弹受目标背景特征和气象条件的影响较大，而且易受红外诱饵弹的干扰，全天候作战能力仍不如雷达制导的导弹。

（傅前哨）

为什么说坦克是地面作战的主要突击兵器

坦克是一种矛盾二者结合为一的、威力巨大的新式武器。它是具有强大直射火力、高度越野机动性和坚强装甲防护力的履带式装甲战斗车辆。它是地面作战的主要突击兵器和装甲兵的基本装备，具有高速度、大纵深突击的能力，主要用于与坦克及其他装甲车辆作战，也可用于压制、消灭反坦克武器，摧毁野战工事，歼灭有生力量。

坦克是根据战场的需要和科学技术水平的提高逐步发展起来的。坦克诞生以来，至今已有 80 个春秋，随着科学技术的发展，坦克所具有的性能不断地得到改进，使它经受住了一个又一个的考验。坦克在与反坦克武器斗争中不断趋于完善。坦克技术的发展，促进了陆军装备的现代化。现在各国都很注意使坦克的火力、机动力和防护力得到综合平衡发展。

从 1916 年 9 月 15 日坦克首次登上战争舞台并初露锋芒以来，在战争中发挥了地面作战的主要突击兵器的作用。第一次世界大战证明，坦克协同步兵作战可以大大减少人员伤亡，减少炮火准备时的弹药消耗。因此，坦克受到普遍重视。第二次世界大战证明，坦克在地面作战中具有重要的快速突击作用，随着战争的发展，苏、德和英、美等国积极利用科技成果，大力发展坦克工业，大量组建（或重建）坦克部队，装甲兵成为主要兵种之一，坦克成为地面作战的主要突击兵器。

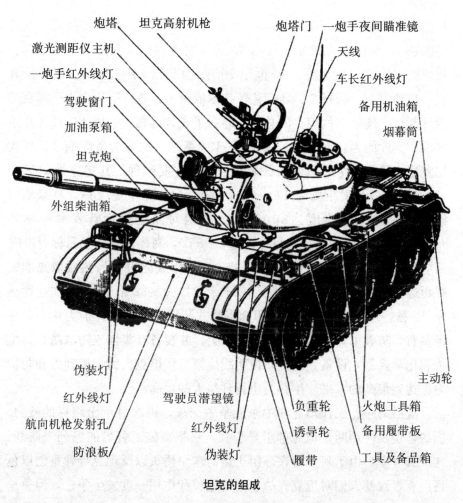

炮塔　坦克高射机枪　　炮塔门　一炮手夜间瞄准镜

激光测距仪主机

一炮手红外线灯

天线

车长红外线灯

驾驶窗门

备用机油箱

加油泵箱

烟幕筒

坦克炮

外组柴油箱

伪装灯

主动轮

红外线灯　　驾驶员潜望镜

负重轮　　火炮工具箱

航向机枪发射孔　　　红外线灯

诱导轮　　备用履带板

防浪板　　　伪装灯

履带　　工具及备品箱

坦克的组成

　　第二次世界大战以后至今，相继出现了三代坦克。战后至 20 世纪
60 年代初研制成功的战后第一代坦克，主要有苏联 T-54、T-55，美
国 M47、M48，英国逊邱伦等中型坦克。战后第二代坦克，除日本 74
式主战坦克于 20 世纪 70 年代初研制成功外，其余均属 60 年代产品，
主要有苏联 T-62、美国 M60 系列、英国奇伏坦、法国 AMX30、联邦
德国豹 1 等主战坦克。战后第三代坦克，是 20 世纪 70 年代以来至今的

产品，主要有苏联 T-72、T-80，美国 M1、M1A1，英国挑战者，联邦德国豹 2，法国勒克莱尔，日本 90 式等主战坦克。在技术方面，这三代坦克一代比一代成熟。20 世纪 70 年代以来，现代光学、电子计算机、自动控制、新材料、新工艺等技术成就，日益广泛地应用于坦克的设计制造，使第三代坦克的总体性能有了显著提高，更加适应现代战争要求。其性能为：火炮口径为 105～125 毫米，大多为滑膛炮，长杆式尾翼稳定脱壳穿甲弹成为击毁装甲目标的主要弹种，其初速为 1650～1800 米/秒，直射距离为 1800～2200 米，垂直穿甲厚度达 500 毫米钢板。破甲弹破甲厚度达 800 毫米，原地对固定目标首发命中率达 85%～90%，行进间对运动目标达 65%～85%，对固定、运动目标射击的反应时间分别为 4～7 秒、7～10 秒，夜间作战能力多为热成像瞄准镜视距达 2000 米以上，最大速度 72 千米/时，0～32 千米/时的加速性达 6～13 秒，坦克装甲为复合装甲和爆炸式装甲，防穿甲弹能力达 500 毫米左右，防破甲弹能力达 650 毫米以上，并装备有集体三防（防核、生物和化学武器）设备。这一切说明战后第三代坦克火力、机动力和防护力已达到很高的水平，生存力也得到很大的提高。

战后第一、二代坦克在中东战争中交战，再次显示出坦克的威力。例如，埃及使用两个坦克师引导步兵，一举突破了著名的巴列夫防线。这次战争中，由于阿方曾在苏伊士运河东岸桥头以反坦克导弹重创以色列坦克，致使人们对坦克在战争中的地位和作用一度发生争论，但争论结果，仍然肯定了坦克在未来战争中的作用，普遍认为，坦克仍然是地面作战中的最好的进攻性武器，装甲兵仍是现代战争中陆军的主要突击力量，坦克本身又是重要的反坦克武器。

在举世瞩目的海湾战争中，交战双方以坦克、步兵战车为主要装备的装甲机械化部队，上演了一幕第二次世界大战以来最为壮观的地面装甲战，在伊沙、科沙边境一线对峙的坦克装甲车辆达到一万余辆，交战双方都形成了以装甲机械化部队为主体的地面作战部署，充分展示了坦

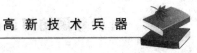

克是"地面战场之王"的地位。海湾战争表明，在高技术现代化战争中，决定战争胜负的因素是多方面的，但是决定战争胜负的最终手段仍然是地面战斗，坦克仍然是地面作战的主要突击兵器。

（李太昌）

为什么现代主战坦克具有强大的火力

据 1982 年 6 月 11 日路透社报道，以色列在黎巴嫩南部贝卡谷地与叙利亚军队交战时，用"梅卡瓦"坦克摧毁苏制 T-72 坦克 9 辆。这消息一传出就轰动了世界。T-72 坦克装甲防护比较好，它车体首上甲板是复合装甲，车体两侧装有装甲裙板。"梅卡瓦"坦克能制服 T-72 坦克，这说明"梅卡瓦"坦克具有强大的火力。不仅"梅卡瓦"坦克具有强大的火力，而且，20 世纪 70 年代以来相继装备部队的苏联 T-72、T-80，德国豹 2，美国 MI 与 MIAI，英国"挑战者"，日本 74 式、90 式和法国勒克莱尔等世界著名的主战坦克也都具有强大的火力。

长期以来，许多国家把坦克作为一种进攻性武器，为了满足作战要求，始终把火力放在坦克三大性能发展的首位。什么是坦克的火力？坦克的火力就是坦克全部武器的威力。它是由坦克的主要武器火炮和辅助武器机枪、反坦克导弹等火力组成的。坦克火力的强弱主要是看坦克火炮发射的炮弹对目标的杀伤威力、炮弹是否能够首发命中目标以及武器的射速等性能有关。

现代主战坦克火炮发射的炮弹对目标的杀伤威力很大。苏联 T-80 坦克采用 125 毫米的贫铀长杆弹芯的尾翼稳定脱壳穿甲弹，可在 1000 米距离上穿透 660 毫米厚的装甲钢板；假如换用破甲弹，还可以穿透 700 毫米厚的装甲呢！

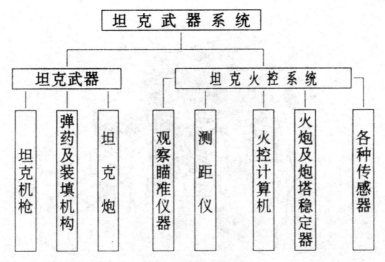

坦克武器系统的组成

　　火炮发射炮弹对目标的杀伤威力与火炮的口径、射程、弹种、炮弹初速、射速及弹药基数等因素有关。其主要标志是看火炮的口径。火炮的口径大，威力就大。20世纪70年代以来，坦克武器发展到了一个新的水平，主战坦克火炮口径多为120～125毫米，如苏联T-72坦克装有125毫米滑膛炮；德国"豹2"坦克装有120毫米滑膛炮；英国"挑战者"坦克装有新型的120毫米线膛炮；"梅卡瓦"坦克Ⅰ、Ⅱ型采用的是105毫米线膛炮，Ⅲ型改装120毫米口径的滑膛炮。但是，坦克火炮的口径不能无限制地增大，如果搞得太大，炮的重量及后座力随之增加，必然大大增加坦克的体积和重量，这就将严重影响坦克的机动性，对坦克的整体结构也带来了许多问题。

　　火炮的威力和炮管的长短也有密切的关系。一般来说，坦克炮管长度是炮口径的40倍以上，现代主战坦克的火炮炮管长度一般为口径的50倍左右。长身管火炮最大的特点：射出的弹丸初速大，动能大，炮弹的威力就大，弹丸运动的轨迹平直，便于直接瞄准对方目标。

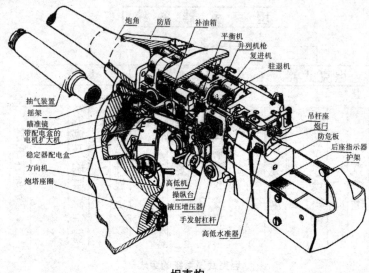

坦克炮

坦克炮内膛还分滑膛和线膛两种。炮管内壁有膛线的称线膛炮，无膛线的称滑膛炮。20世纪70年代以来，许多主战坦克采用滑膛炮，这种炮与同口径的线膛炮相比，有利于发射大威力的尾翼稳定的长杆式脱壳穿甲弹，使弹丸初速更高，增强穿甲能力；提高了破甲弹的威力；滑膛炮有更远的直射距离；便于设计炮弹弹丸的结构，减轻了弹丸的重量；适宜于打多种类型的特种弹；炮管的构造和加工工艺简单，生产比较方便。但是，滑膛炮在远距离射击时精度差。

现代主战坦克采用的综合式火控系统，是以电子计算机为中心，将各种传感器、激光测距仪、火炮双向稳定器、微光或被动红外夜视夜瞄仪器、操纵机构等组成自动化程度较高的综合控制系统，用以控制坦克火炮的瞄准和射击，因而提高了火炮的首发命中率、坦克夜间作战能力以及坦克在运动中的射击能力。德国"豹2"坦克所采用的火控系统，就是目前世界上最先进的综合式火控系统之一。

（李太昌）

为什么现代主战坦克火炮大多安装滑膛炮

火炮身管的内腔称做炮膛。身管内壁有膛线（或称来复线）的火炮叫线膛炮，身管内壁没有膛线的火炮叫滑膛炮。

现代著名的主战坦克的火炮除英国的"挑战者"外，都采用滑膛炮。经过 20 多年的实践，滑膛炮明显优于线膛炮。一是滑膛炮发射尾翼稳定的脱壳穿甲弹，弹长不受稳定性的限制，故可用长径比很大的弹体来获得很大的断面比重和碰击比动能，因而穿甲弹的穿甲能力强，威力大。穿甲弹的大着角性能好，不易跳弹。二是管壁较厚，且无膛线，不存在膛线烧蚀的问题，膛内阻力小，使用寿命较长。特别是它的发射药装得多，膛内压力大，因而发射初速高，穿甲能力可以提高，发射长杆式高密度弹芯的尾翼稳定脱壳穿甲弹初速已经达到1650～1800米/秒，直射距离达 1800～2200 米，垂直穿甲厚度达 500 毫米以上，坦

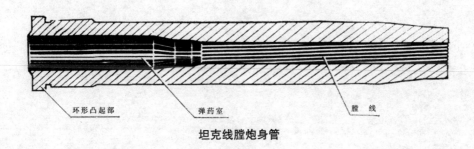

环形凸起部　　　　弹药室　　　　　　膛　线

坦克线膛炮身管

克上还配用破甲弹，破甲弹在高速旋转时，威力显著下降，滑膛炮发射破甲弹时，由于弹丸不靠膛线旋转稳定，因而无离心力对聚能射流的有害影响，有利于破甲弹威力的发挥，破甲厚度最厚现已达 800 毫米。三是炮弹无滑动弹带，减轻了弹重。四是火炮炮管没有膛线，加工工艺简单，价格便宜，生产火炮比较方便。而且，先进的自紧生产工艺可以大大提高生产效率。五是滑膛炮炮管内没有线膛炮那样的应力作用，因此，对于任何规定的内弹道性能来说都能减轻炮管的重量。由于滑膛炮的膛压高，弹丸在炮管内的加速度也就更快，炮管也就能设计得更短些。短炮管可使火炮更轻，向前安装，容易实现平衡，提高稳定性，提高行进间的射击精度。六是滑膛炮的寿命长，它的寿命是线膛炮的两倍。七是适于发射多种弹，如小型导弹、火箭增程弹等。但是，滑膛炮也有不足之处，滑膛炮只能发射尾翼稳定弹，尾翼结构增加炮弹的空气阻力，使弹丸在飞行中不稳定，易受外界因素的影响，射击距离远时，射击精度较低，炮弹散布范围大一点。

（李太昌）

为什么现代坦克炮管的
中部往往有一段特别粗

　　现代坦克火炮炮管的中部往往有一段特别粗，如同外加上一截套筒，这就是坦克炮的抽气装置，这是一般野战火炮所没有的。

　　坦克炮及机枪射击时，膛内会产生大量高温、高压的火药气体，推动弹丸向前运动。当弹丸飞出炮口，火药气体也随之从炮口流出，但因时间短，往往流不完，过后打开炮闩抽出药筒和再次装填炮弹时，膛内残存的火药气体便会向炮尾后面排出，流入坦克战斗室。当火炮连续射击多次后，战斗室内的高温火药气体量增多，且火药气体中含有一氧化碳等有害气体。通常，现代坦克每发射一发炮弹，战斗室内每公升空气中一氧化碳的含量就会增加0.4～0.55毫克。当空气中一氧化碳含量达到一定浓度时，就会使乘员中毒，反应迟钝，妨碍视线和呼吸。此外，战斗室内高温的火药气体不断增加，室内的温度就逐渐升高，乘员容易疲劳，降低工作效率，甚至丧失战斗力。因此，对于坦克炮以及自行火炮，应采取措施，以消除战斗室内有害的火药气体和因燃烧不完全而产生的炮尾烟。

　　最早想到的办法是采用强力通风装置，但要消耗较多的电力，并在战斗室内产生强烈的气流，既影响乘员的工作，又使战斗室内变得更拥挤、噪音更大，而且效果也不令人满意。后来，在坦克炮塔内采用了压缩空气并吹洗炮膛的装置，在发射后打开炮闩的瞬间，将压缩空气通过安装在炮尾上的喷管吹入炮膛进行吹洗，压缩空气由压缩空气瓶或空气压缩机提供，但这仍要占用战斗室内一定的空间位置。20世纪50年代以后，该装置安在坦克炮身管中部或根部，现代坦克一般在距炮口面15～20倍火炮口径处安装炮膛抽气装置，用以抽出炮弹发射后残留在炮膛内的火药气体。

抽气装置是利用气体射流引射的原理工作的。抽气装置主要由贮气筒、弹子、火炮身管上的喷嘴和充气孔组成。火炮发射后，弹丸经过充气孔和喷嘴时，炮膛内的一部分火药气体顶开弹子，通过充气孔以及喷嘴向贮气筒内充气。在充气过程中，贮气筒内气压逐渐升高。炮膛内气压在弹丸离开炮口后迅速下降，在弹丸出炮口后的某一瞬间，贮气筒内压力与膛内压力相等，此时充气过程结束，贮气筒内压力达到最大值，同时，弹子在本身重量的作用下落回原处，堵住充气孔，火药气体就不会经此孔流回膛内。之后，炮膛内气体压力急剧下降，因贮气筒内的火药气体压力高于炮膛内气体压力，于是，贮气筒内的气体就以很高的速

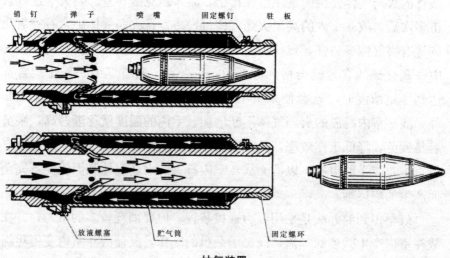

销钉　弹子　喷嘴　固定螺钉　驻板

放液螺塞　贮气筒　固定螺环

抽气装置

度由喷嘴向前喷出，喷射的气体在喷嘴（一般为8个）出口的后方膛内形成低压区，因而将炮膛和药筒内残存的火药气体抽出膛外。由于气体从贮气筒喷出的持续时间超过开闩和抽筒的时间，因此，从喷嘴喷出的气流不仅能抽出炮膛内的火药气体，而且还能抽出战斗室内的部分气体，因而减少了战斗室内的一氧化碳浓度。实际测定表明，100毫米坦克炮由于抽气装置的作用，火炮发射后战斗室内一氧化碳的浓度，约为火炮没抽气装置的坦克的一半，可见抽气装置的作用是显著的，现代坦克火炮一般都有抽气装置。

（李太昌）

为什么俄罗斯 T-90 主战
坦克装备炮射导弹

　　俄罗斯现正在小批量生产新型 T-90 主战坦克，坦克上安装 125 毫米滑膛炮，除携带规定数量的常规坦克炮弹对付中、近距离的目标外，并装备有半自动激光驾束制导导弹 6 枚，这种导弹可用坦克炮发射，最大射程达 5000 米，坦克在停止时和运动中都能发射导弹，该导弹可在 4000～5000 米距离上攻击目标，在敌方坦克、车载反坦克制导武器和攻击直升机攻击 T-90 坦克之前将敌消灭。

　　早在 20 世纪 60 年代初，受中东战争的影响，反坦克导弹红极一

主战坦克用炮射导弹打坦克

时。美军认为，坦克炮因远距离的射击命中率低，威力弱，发射普通炮弹只能对付 2000 米距离以内的目标，而导弹可用来摧毁更远距离的目标，由此萌发出这两种弹用同一炮管发射，具备火炮和导弹两者之优点的想法，在这种思想指导下，1964 年美国开始在 M60A1 坦克的基础上研制 M60A2 坦克，装有 152 毫米口径的炮弹—导弹发射管，具备发射普通炮弹和导弹的双重能力，意欲以此火力优势来同苏军坦克的数量优势相抗衡。但该炮结构复杂，有一些战术使用问题和技术问题尚未解决，进入 20 世纪 70 年代后，坦克炮火控系统有了很大进展，提高了命中率，缩短了反应时间，增大了有效射程。因此，该坦克不适于作为主战坦克使用，只能遂行火力支援和远距离反坦克任务，问世只有 6 年，就于 1980 年不得不退出现役，成为昙花一现的主战坦克。

当时苏联却在积极研究炮射导弹的问题，在技术上有许多突破。坦克炮采用滑膛炮，把导弹列为制导火箭一类，导弹用坦克炮发射，并以大约 150 米/秒的出口速度离开炮管，此时，火箭发动机开始启动，使导弹加速到 500 米/秒。

1970 年，苏联 T-64B 坦克安装有 125 毫米火炮—导弹两用炮管，可发射 AT-8 "鸣禽" 反坦克导弹和普通的尾翼稳定弹，其最大射程为 4000 米，破甲厚度为 600～650 毫米。但易受干扰的无线电制导的炮射导弹制导系统现已过时。1990 年 5 月阅兵式上苏联向外界展示的 T-80U 主战坦克以及后来研制的 T-90 主战坦克，都安装有 125 毫米滑膛炮和配备有炮射激光驾束制导系统的 "芦笛" 导弹，该炮既能发射尾翼稳定脱壳穿甲弹和聚能装药破甲弹，又能发射导弹。发射导弹时最大射程达 5000 米，而且具有极高的首发命中率。

（李太昌）

为什么苏制 T-72 坦克和各国正在
研制的第四代坦克都装有自动装弹机

随着坦克火炮口径的增大，炮弹的重量也增加，苏制 T-72 坦克火炮为 125 毫米滑膛炮，其榴弹重达 23 千克，这么重的炮弹用人工装填，确实是很费劲的。由于坦克战斗室狭窄，往火炮弹药室装填炮弹不方便，装填速度慢，直接影响到坦克炮的发射速度，采用自动装弹机，装弹实现自动化后，提高了装填炮弹的速度，提高了射速，达到了快速射击，先敌开火，消灭敌人的目的。而且，取消了站着操作的装填手，使坦克高度不再受装填手身高的约束，从而可降低坦克的总高度，外形低矮，T-72 坦克至炮塔顶高仅为 2.19 米，与国外现装备的有炮塔主战坦克相比是最矮的，同时，节省下来的空间可以缩小炮塔尺寸，缩小了坦克的中弹面积，提高了坦克的战场生存能力，因此，T-72 坦克安装了自动装弹机。

目前，各军事强国正在研制战后第四代坦克，据外刊报道，无论第四代坦克将来采用何种总体布置方案，坦克炮采用自动装填炮弹是共性的。其原因：一是坦克总体设计要求尽可能地缩小坦克的目标面积，降低坦克高度，从而提高坦克的战场生存能力，提高射速和减少坦克乘员人数。而且总体设计中的顶置火炮万案、微型炮塔方案坦克都是以炮弹自动装填为先决条件。二是目前坦克炮口径已发展到 120～125 毫米，

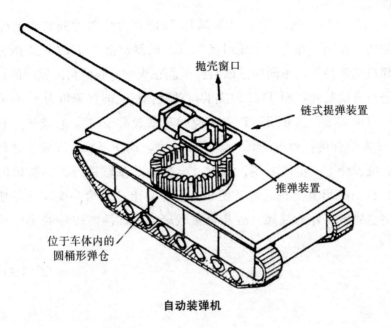

自动装弹机

战后第四代坦克炮口径还要进一步加大。据外刊报道，坦克装甲防护继续得到了改进，这就要求坦克安装更大口径的火炮。北约的研究课题已着眼于研究最大口径达 150 毫米的各种大口径坦克炮，美、英、法、德国联合研制 140 毫米坦克炮，瑞士在坦克上安装 140 毫米口径的火炮也已取得了很大进展，已安装在坦克上试验。美国拟安装的 140 毫米火炮尾翼稳定脱壳穿甲弹全长约 1.52 米，其弹头长 91.44 厘米，弹全重 45.5 千克，大口径定装式炮弹在贮存和人工装填方面都有很大困难，解决办法是采用分装式（即弹头和药筒分开）弹药和自动装填。三是为了提高射速，也需要实现装填炮弹自动化。自动装填可使定装式炮弹的射速从 7 发/分（实际上很困难）提高到 12 发/分（如法国勒克莱尔坦克），可使分装式炮弹的射速从 2～4 发/分提高到 6～8 发/分（如前苏制 T-72 坦克、T-80 坦克理论射速可达 8 发/分）。

　　自动装弹机种类很多，大体分为两类，一类是西方国家的定装式炮弹自动装弹机；另一类是以苏制T-72坦克为代表的分装式炮弹自动装弹机。英国正在为"主战坦克2000"研制类似于T-72坦克的分装式炮弹自动装弹机，不同的是该装弹机能在火炮有限俯角区域内的任何位置进行自动装弹，而T-72坦克的自动装弹机只能在俯角为4°30′仰角时进行自动装填。据介绍，T-72坦克弹药基数为39发，它能迅速自如地对22发炮弹进行弹种选择、装填和抛壳，动作可靠、准确。这种多功能、位置低下、实用方便、能对过半数弹药基数进行自动装填的装弹机，在主战坦克上正式装备使用，在世界上还是第一次。这是使苏联新型主战坦克外形低矮、战斗全重较轻、总体性能较好的决定性因素之一。

（李太昌）

为什么要研究在未来的
坦克上安装激光武器

据外刊报道，现已有防空和反坦克激光武器的研制方案。其中一种方案研制装在坦克底盘上的高能激光武器，该武器（可取代高炮）打算使用功率为 100 千瓦的能摧毁远至 10 千米的飞机或导弹的激光器。

激光是 20 世纪 60 年代初世界上出现的一项重大科学技术成就。激光是利用光能、电能或其他能激励工作物质，使其发生受激辐射而产生的一种特殊的光，与普通光相比，它具有方向性好、亮度高、单色性好等突出的特点。激光武器是新型的定向能武器，它是利用激光束的亮度高、方向性好的特性研制的。它是利用激光器发生的强光束产生高强热效应，使物质熔融、雾化或气化，从而直接摧毁坦克、导弹、飞机等军事装备，或使军事目标丧失战斗能力的武器。此外，当激光形成的高温等离子体脱离金属表面喷射出来时，它的反作用力作用到金属表面，就形成冲击载荷，使金属产生变形，加速了金属的破坏。同时，等离子体还能产生出 X 射线辐射，使附近的电子元器件失灵。

激光武器发射的是每秒 30 万千米的高能量激光束，与常规武器相比，它具有不需要计算弹道、不需要提前量、不产生后座力、不受电磁干扰、方向性好、命中率高等优点。一旦瞄准了目标并发射之，从发射到击中目标所需时间几乎为零，命中率高，一发即中，敌人无法躲避。

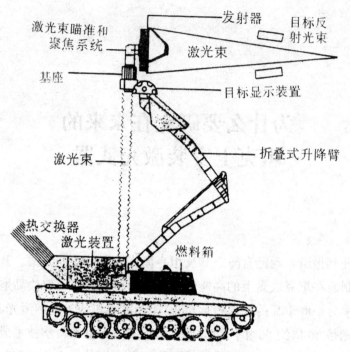

德国高能激光武器防空装甲车

在激光武器作用范围内，一切运动目标都似乎成了"固定"目标，同时，还可以迅速变换射击方向，在短时间内能击毁大量目标。所以，使用激光武器攻击目标，特别是攻击高速目标和低空目标，命中目标又快又准，反应神速。由于激光武器具有极大的优越性，所以在未来坦克上也要研制、安装激光武器。

根据激光器输出功率的大小，激光武器可分为高能激光武器和低能激光武器两大类。高能激光武器即"死光"武器或激光炮，又称强激光武器或激光热武器，它是一种大型的激光装置，它能在很短时间内发射高能激光束，射出的激光温度极高，具有强大的瞬时破坏力，它可用于摧毁导弹、卫星、飞机、坦克等大型目标，也是星球大战中很有潜力的武器。低能激光武器是指发射功率较小的激光轻武器、单兵激光武器，

未来安装激光炮的坦克在对敌坦克射击

如激光枪、激光致盲武器等，主要用于射击单个敌人，使之失明、死亡或使衣服着火而丧失战斗力，同时也可使各种光学仪器失灵。据报道，美陆军已使用一种轻便激光致盲武器，作用距离为 1.6 千米，在战场上使用这种武器，凡是直视激光的人便可造成双目失明。美军曾进行过有关试验，用激光枪射击，百分之一秒内就可使人眼失明，被损伤的视力，轻则七天才能恢复，重则永久致盲。

国外军事专家指出，所进行的研究表明，研制在坦克上安装的激光炮、激光致盲武器和其他各军兵种都能使用的激光武器的条件已经基本具备。但是，要让激光武器据其作用威力列入能完成同类任务的传统武器的序列，还必须解决一系列重大技术问题。同时指出，激光武器不可能完全取代武器中的导弹火炮系统。

未来战争中，为了掌握战场主动，进攻发起者很可能会充分利用其掌握的各种激光武器，从地面、海上、空中，多角度、多层次、高密度地照射敌方的暴露人员，使之由于大量的视力伤而丧失战斗力。目前，在世界兵器之林中，激光武器正以其特有的破坏方式引人注目，迅猛崛起。

（李太昌）

为什么要研究在未来的坦克上安装电磁炮

电磁炮是利用洛仑磁力（电磁力）将弹丸加速到极高速度的一种火炮。它是一种完全不同于普通火炮的新型高技术武器。

大家知道，世界上各种火炮，都是用发射火药释放的能量推动弹丸飞行的，要提高初速，专家们不断改进武器设计，可是效果并不理想。因为把火药的化学能转换成弹丸动能，效率很低，要使一发炮弹的初速从 1500 米/秒提高到 2500 米/秒，发射药量需要增加 4 倍左右，结果将使火炮变得异常笨重。常规坦克炮用固体发射药发射炮弹，因此，坦克炮初速受火炮口径大小、炮膛容积以及火药力的限制，现役主战坦克炮的初速一般为 1600～1800 米/秒。只有弹丸的初速高，射弹才能打得远，穿甲能力才能强，可见弹丸初速对坦克炮的威力起着极为重要的作用。人们正在千方百计地提高坦克炮的弹丸初速。西方国家正在研制的 140 毫米坦克炮就是为了通过提高弹丸初速和炮口动能来提高火炮威力，即使做了许多努力，火炮弹丸初速仍未超过 2000 米/秒，炮口动能仅从现有坦克炮的 9 兆焦耳提高到 18 兆焦耳。

电磁炮最引人注目的特点是它发射的弹丸初速要比常规坦克炮的高得多。这是因为电磁炮是依靠电磁力加速弹丸的，它不存在像固体发射药加速弹丸时那么大的能量损失，也没有像常规坦克增大火炮口径有那么多的限制因素，所以容易获得很高的初速。

电磁炮　　　电热化学

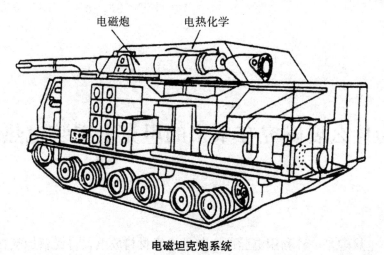

电磁坦克炮系统

　　目前超导技术的研究取得了很大进展，这为电磁炮的研制成功提供了有利条件。美陆军已有装用 105 毫米电磁炮的坦克方案。预计 20 世纪末到 21 世纪初，将会出现装备电磁炮的坦克。

（李太昌）

为什么要研究在未来的坦克上安装电热炮

　　电热炮是一种利用电脉冲向某种绝缘材料放电，将燃料加热并汽化为等离子体，而后靠等离子体推动弹丸的炮。它和电磁炮一样，是一种有广泛发展前景的威力强大的炮。

　　电热炮的结构如图所示。在金属块中开有孔穴，插入很细的金属丝电极，在外侧电极间放电，内外电极间放置聚乙烯等绝缘材料。纯电热炮的工作原理是，给含有细金属丝的聚乙烯毛细管通电，由于内外电极间放电，使毛细管蒸发并进一步转变成过热的等离子体。等离子体使弹体后部的液体（惰性工作液）汽化、膨胀，从而产生高压气体来推动弹

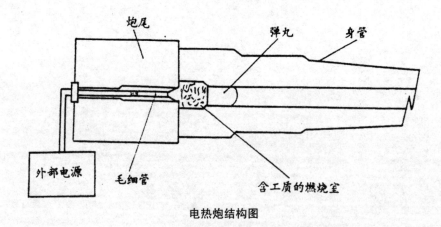

电热炮结构图

丸，使弹丸加速向前运动。当强电流通过细金属丝时，聚乙烯毛细管即刻爆炸、消融，生成等离子体，并快速流入盛有工作液的药室。因为气体膨胀做功与气体分子量密切相关，即气体分子量越小，则做功量越多，所以电热炮选用气体分子量小的液体充当工作液。此外，纯电热炮的工作液在汽化过程中还需要消耗电能，所以电源仍是阻碍纯电热炮装车使用的难题之一。

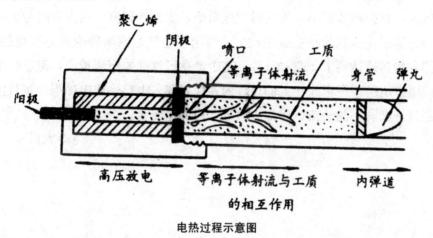

电热过程示意图

电热炮和传统的火炮不同，传统火炮是靠火药的化学能变成火药气体膨胀做功的，而电热炮则是通过电离的过热气体使药室内液体蒸发、膨胀做功的，基本上是一个物理过程。至于这种液体到底是什么东西？有的说是氢化锂，有的说是氦气，看来还是一个谜。因为电热炮做功气体分子量比固体和液体发射药气体分子量小，它吸收的能量也少，所以弹道效应就不像其他火炮那样迅速地随速度的变化而变化。

电热炮发射弹丸的炮管和固体发射药火炮炮管差不多，既不像电磁炮加速器那样庞大、笨重和复杂，也不存在炮膛的烧蚀问题。

据说，理论上电热炮的热效率不超过40%，在速度超过2000米/秒时，效率更进一步降低。所以，单独使用是划不来的，往往和电磁炮中的导轨炮混合使用，既发挥了导轨炮能达到很高的发射速度的特长，又克服了导轨炮入口附近的导轨烧蚀严重的技术难题。美国著名的坦克设计师菲利浦·莱特博士曾指出："2000～2010 年坦克使用的潜力最大的武器系统，看来是某种型式的电热炮。"根据上述分析，他所指的很可能就是电热炮/导轨炮混合型炮。

　　电热炮发射的弹丸速度较高，可达 2500 米/秒以上，因而火炮威力较大，且弹药体积小，发射时无炮口焰，隐蔽性较好。西方有的专家认为原苏联在研制的新主战坦克上，采用了电热炮或电磁炮作为坦克炮，弹丸的初速达到了 2500 米/秒。这个消息可靠性如何还难说，但电热炮或电磁炮装车很可能比人们预计的要快一些。电热炮或电磁炮尽管目前还是一棵弱小的幼苗，但却方兴未艾，前途无量。

（李太昌）

为什么现代主战坦克要
安装先进的火控系统

坦克火力的强弱不仅取决于坦克武器的威力，而且取决于坦克火控系统的性能。

世界上首次参加实战的英国Ⅰ型坦克，炮塔不能旋转，火炮连瞄准镜都没有，射击前要打开炮闩，从炮膛孔中直接瞄准目标，然后射击。1917年英国制造的Ⅱ型坦克首次采用了镜内有刻度的瞄准镜。同年法国制造的"雷诺"FT-17轻型坦克安装有能旋转360°的炮塔，利于调动坦克的火力。1929年装备英军的"维克斯"轻型坦克上首次出现了倍率为2倍、视界为18°的潜望镜，乘员通过观察孔和潜望镜进行观察。

为了便于行进间捕捉目标和射击，20世纪30年代时，美苏两国在坦克上进行了火炮高低向稳定器的试验。苏联T-34坦克乘员利用展望孔、潜望镜、瞄准镜进行观察和瞄准，依靠目测来确定射击目标的距离，误差很大。

战后至20世纪50年代，国外已开始注意到用改善火控设备来提高火炮在远距离上的命中率和行进间的射击精度。1956年装备美军的M48A2中型坦克火控系统已经开始近代化，该坦克装上了由瞄准镜、凸轮机械式弹道计算机、体视或合像式光学测距仪、稳定器（试装过）等组成的火控系统，使首发命中率大大提高，在1400米距离内对固定目标进行射击，首发命中率为 50%。该坦克还采用了电液式炮塔、火炮操纵系统，安装了红外夜视仪，有的在主炮上还装有红外（白光）探照灯。1958 年装备苏军的 T-55 坦克装有火炮双向稳定器、红外夜视夜瞄装置。这期间，坦克至目标的距离一般用瞄准镜内测距分划来判定，测距误差仍较大。

20 世纪 60 年代，各国十分重视火炮双向稳定器、测距仪、弹道计算机、红外（或微光）夜视夜瞄器材等火控装置的研究和运用。光学测距仪的应用，对提高坦克火炮远距离射击精度有重要的意义，在 2000 米射程时，测距误差为 25 米左右（如 M60A1 坦克），成倍地提高了射击精度，弹道计算机的应用，提高了火炮首发命中率。安装火炮双向稳定器的坦克行进时，炮长能概略地瞄准目标，便于在短停时迅速精确地瞄准目标。

20 世纪 70 年代以来，坦克火控系统的研制取得了很大进展，现代坦克火控系统一般包括昼夜观察瞄准仪器、激光测距仪、传感器、计算机、火炮稳定器和车长炮长控制台等。坦克火控系统用以控制坦克武器的瞄准和发射，缩短射击反应时间，提高射击精度。

随着高科技的发展，坦克的火控系统仍在不断地改进和完善。20 世纪 90 年代初，坦克火控系统捕捉目标，仍依靠乘员对目标的检测与识别能力，虽然有光电传感器帮助乘员执行任务，但是由于战场上的目标信息急剧增多，加上敌方实施伪装与欺骗等措施，乘员发现目标与正确处置情况的能力将严重受到影响。美国陆军现正在研制多传感器自动化瞄准/火控系统。把各传感器（例如，热成像传感器和毫米波雷达传感器）获得的信息由各自的处理器处理，然后输入到中央处理器，经自动识别处理后，目标便被区别并显示在显示器上，根据目标的类型及其信息的可靠程度决定先后毁伤次序，当目标被乘员认定后火控系统便对其跟踪并计算出射击诸元，采用这种自动化火控系统，将提高坦克在复杂战场条件下，捕捉、识别及与目标交战的能力，减轻乘员的工作负荷，并可为减少乘员，提高坦克生存力提供可能。

（李太昌）

为什么许多国家在研制新型的轻型坦克

纵观世界坦克装甲车辆的发展，无不受国家装备发展的战略格局和作战理论的制约。第二次世界大战以来，在世界各国机械化、装甲化的发展过程中，坦克的发展重心一度放在主战坦克上，轻型坦克的发展受到冷落。20世纪70年代以来，特别是80年代以来，随着局部战争、突发事件作战理论和快速反应战略思想的进一步发展，一些军事大国利用现代科学技术的最新成就，积极发展新一代主战坦克，并且加紧发展新型轻型坦克。

轻型坦克的特点是重量轻、机动性好，利于空运并能完成快速部署、快速展开。无论是进攻，还是防御，都有独特的优势，特别是在交通不发达、地形复杂、通过性差的地区作战更显出它的优势；另外，在与直升机配合作战中，可以在主力到达前线之前构筑防线，填补重型装甲部队和攻击直升机之间的空白。同时利用其火力和机动性对敌坦克装甲部队袭击做出快速反应，能有效地削弱或击败敌坦克装甲部队。轻型坦克是快速反应部队的有效武器，而且价格低，利于大量装备。从火力上看，目前世界上一些军事大国生产和新研制的轻型坦克，有不少都装备了105毫米火炮，使轻型坦克火力大大加强，具备了反坦克作战的能力。

20世纪70年代以来，随着科学技术的迅速发展，美国、苏联等国的军队提出了新的作战理论，他们根据新的作战理论，改变部队的编制，提高纵深攻击能力，在近期发生的一些局部战争中，充分发挥了坦克的快速突击作用，作战中，除大量使用了主战坦克外，还广泛使用了轻型坦克。轻型坦克在战争中发挥了重要的作用：1979 年 12 月，苏军在入侵阿富汗战争中，运用了较多的伞兵战车，发挥了重要作用；1982 年的英阿马岛战争中，英军鉴于岛上地形复杂、道路稀少、土质松软，故使用战斗全重仅为 7.9 吨的"蝎"式轻型坦克登陆作战，获得了良好的作战效果；1989 年美军入侵巴拿马时，动用了其精锐之师第 82 空降师，该师装甲营拥有的 M551"谢里登"轻型坦克发挥了重要的作用；1991 年 1 月 17 日凌晨开始爆发的海湾战争是美军"地空一体战"理论的实战检验。在战争中，2 月 24 日凌晨开始了狂风骤雨般的百时地面战，其结果是伊拉克军队遭到惨败。期间，以美国为首的多国部队装备的轻型坦克也发挥了重要作用。

20 世纪 70 年代以来，为了进行局部战争和适应突发事件的需要，更好地发挥坦克的快速突击作用，有效地同地面、空中的各种反坦克武器作斗争，美国、苏联以新的作战理论为依据，加速研制新武器。在坦克技术方面，在发展主战坦克的同时，加紧发展轻型坦克。例如：美国的"装甲火炮系统"计划就是专门发展轻型战斗车辆的规划，为此而竞争的研制车型有"TCM 装甲火炮系统（AGS)"、"钜式坦克"、"快速部署部队轻型坦克（RDF/LT)"等。英国除 1967 年开始研制并于 1973 年开始装备部队的"蝎"式轻型坦克外，ＲＯ2000装甲战斗车族中就包括ＲＯ2004轻型坦克。苏联自20世纪60年代以来，于1970年研制成了 6МД－3 伞兵战车和 2C9 式 120 毫米多用途自行迫击炮（用以取代 ACY85 毫米自行加农炮，主要用于间瞄射击进行火力支援，必要时也能进行直瞄射击，并且具有反坦克能力)。这些均是当今轻型坦克明显发展的例证。

（李太昌）

为什么现代坦克都要安装激光测距仪

在战场上，观察发现敌坦克以后，首先要判断距离，装定射击诸元，然后瞄准射击才能命中目标。

从第二次世界大战末期到20世纪90年代初，坦克上测定距离的方法大体经历三个阶段：第一阶段是用目测判距和瞄准镜中的测距分划测距。目测判距，误差很大。以后，根据已知目标的高度或宽度，利用瞄准镜分划镜上的测距分划进行测距，测距精度仍很低，误差可达8%~10%。而乘员训练需要时间较长。在战场条件下使用分划测距，只有能看到目标的全貌，才能进行测距，这在野战条件下是很难满足的。第二阶段是20世纪50年代至60年代初，坦克上主要使用光学测距仪和测距机枪测距，测距精度比第一阶段的测距方法提高了。但是，光学测距仪测距误差随距离的增加而增大，在远距离上以及对运动目标射击时精度较差；测距机枪测距除在远距离上及对运动目标射击时精度较差外，在某些情况下用测距机枪射击首先暴露了自己。第三阶段大体是20世纪60年代中期以来，许多国家都在坦克上安装了激光测距仪。激光测距仪是用激光来测定坦克至目标间的距离的一种仪器。利用激光测距仪测距有许多显著的优点：一是测距精度高，不管测量的距离多么远，精度始终不变；二是仪器体积小，重量轻，操作和使用简便，易于掌握，测距速度极快，一按按钮，仪器立即就显示出目标的距离，并能把所测距离自动输入火

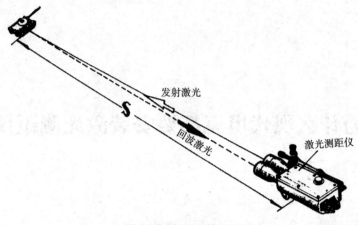

发射激光

回波激光

激光测距仪

激光测距仪测距简图

控计算机，便于回火控计算机等其他火控装置联成自动调节系统，迅速而准确地实施瞄准射击，很适合在坦克炮上使用；三是抗干扰性强。因此，激光测距仪是可以迅速、准确地发挥坦克火力的一种最合适的测距仪器。据外刊报道，当目标距离为2500米时，苏联T-55坦克火炮原地对固定目标射击的命中率不超过15%，装上激光测距仪后在同样距离、同样条件下，命中率可以提高到40%。现代坦克炮效能的提高，多半是由于火控系统发展的结果，其中最重要的因素是激光测距仪和火控计算机的出现。但是，它也和光学测距仪一样受天气的影响很大，在大雾弥漫能见度差的情况下，激光衰减严重，无法测距，这是它的不足之处。

美国M-1坦克已采用二氧化碳激光器的激光测距仪。其优点：它发射波长为10.6微米的红外光，受尘埃、烟雾、气候的影响较小，穿透战场烟雾能力强，大气衰减小，减少假回波，增加测距的可靠性；对人眼也安全，在训练方面较少地受到限制；同时二氧化碳激光测距仪比较简单，价格便宜，效率高，体积小，重量轻，它和热像仪一体化之后，能昼夜测距。所以，它是一种较理想的激光测距仪。

（李太昌）

为什么现代坦克装有弹道计算机

　　随着现代科学技术的发展，电子计算机技术越来越广泛地运用于军事技术上。弹道计算机就是电子计算机用在坦克上对火炮弹道的控制。

　　弹道计算机也称坦克火控计算机，它是现代坦克火控系统中的核心部件，就好比是人的大脑，它控制整个火控系统的工作。具体地讲，弹道计算机有两个功能：一是接收来自测距仪、各种传感器输入的信息（如目标距离、目标运动角速度、炮耳轴倾斜角等）、操纵机构的信息和人工装定的参数（如空气温度、装药温度等），并按不同炮弹弹种的弹道条件计算出射击诸元，自动给出火炮的高低瞄准角和方位提前角，控制瞄准线和火炮轴线；二是对整个火控系统的工作进行监控、诊断，并显示工作状态和故障信息。

　　在火炮射击时，影响火炮射击方向角和高低角的种种因素，可以通过各种各样的传感器测量出来，并分别输送给弹道计算机，经过弹道计算机计算，又快又准地确定火炮射击的方向角和高低角，同时把这两个信号输送出去，通过操纵机构操纵火炮进行精确瞄准和射击。在战场上，当坦克炮长在瞄准镜内搜索到目标后，瞄准目标并发出激光，测出坦克至目标的距离，将距离信息输送给弹道计算机，弹道计算机根据目标距离、所选用的炮弹以及气温、药温等的修正量进行弹道解算，解算结果输送到瞄准镜自动装定表尺，同时输出电信号给稳定器赋予火炮瞄准角，炮长在瞄准镜内进行二次瞄准即可击发射击，消灭目标。弹道计算机能自动装定表尺和自动赋予火炮射角，这样它既缩短了火炮射击时间（从发出激光到装定好表尺、赋予火炮射角所需时间在 3000 米距离上，不大于 2 秒钟。对静止目标射击时，将比没有弹道计算机快约 3 秒钟），同时又能修正影响射击精度的许多误差，提高了坦克火炮的射击精度，从而提高了坦克的首发命中率和消灭目标的速度。

弹道计算机主要有模拟式和数字式两类，也有模拟数字混合式的。

模拟式弹道计算机由运算部件、控制部件、输入和输出部件等组成。它结构简单，但计算精度低，逻辑功能与存储能力较小。

数字式弹道计算机由硬件和软件两部分组成。硬件包括中央处理器、存储器、输入接口、输出接口、控制面板和电源等。软件包括计算、控制及系统诊断等各种程序。数字式弹道计算机的计算精度高，通用性强（至少可解算 4 个弹种的弹道数据），又比模拟式弹道计算机体积小、重量轻、造价低、可靠性高，因此，现代坦克大多采用数字式弹道计算机。

随着坦克火控系统的不断发展，坦克弹道计算机将会增加目标图像处理等许多新功能，并大幅度提高其存储容量和运算速度等。

（李太昌）

为什么现代坦克装有多种传感器

现代坦克火控系统中安装有多种传感器，这些传感器用来测量影响射击精度的某些参数，并将其转变为电信号后自动输入计算机，经弹道计算机计算，自动进行修正，从而缩短射击反应时间，提高射击精度。目前，坦克火控系统中安装的传感器主要有目标角速度传感器、炮耳轴倾斜传感器和横风传感器等。对于射击过程中变化较小的气温、气压、药温和炮膛磨损等参数，目前多采用手工装定方法输入弹道计算机。

耳轴倾斜传感器

横风传感器探头

现代战场上目标信息急剧增多，加之敌方实施伪装与欺骗等措施，乘员发现目标与正确处置情况将遇到很大困难，现在国外正在研制探测目标的多种传感器，例如热成像传感器和毫米波雷达传感器，使它们获得的信息由各自的处理器处理，然后输入中央处理器，经自动识别后，便区别目标并显示在显示器上，乘员便可根据目标的类型及其信息的可靠程度，决定先后射击的次序。

（李太昌）

为什么现代坦克大都装有双向稳定器

　　现代坦克的火炮口径既大且重，如 105 毫米口径的火炮，全炮重 2 吨多，炮塔重 10 吨左右。坦克在转移火力时，调转火炮和炮塔要求既快又稳，而在精确瞄准射击时，则要求调转火炮和炮塔的速度尽可能低。在坦克行进时，也要瞄准射击，并且要瞄准镜轴线和火炮轴线不随地形起伏变化而摆动。早期的坦克内的瞄准机构（称为高低机、方向机）是手动的，显然，用手动来调转笨重的火炮和炮塔，速度慢，乘员体力消耗大。后来，坦克炮的方向机和高低机除手动外，方向机还可用电动机或专门的液压设备来驱动，达到灵活转动炮塔和火炮的目的，但不能解决坦克行进时瞄准射击问题。坦克炮稳定器就是用来实现上述功能的，用于坦克行进时，克服坦克行驶时的振动干扰，稳定火炮轴线，并根据弹道计算机计算出的射击诸元控制火炮，自动保持被稳定的火炮或瞄准镜的轴线方向不变，从而提高坦克炮在坦克运动中的射击精度和命中率。此外，借助稳定器，炮长通过一控制装置（亦称为操纵台）还可调转火炮进行瞄准。现代坦克设有的高低机和方向机作为备用。

　　坦克炮稳定器分为单向稳定器、双向稳定器和三向稳定器。单向稳定器通常只稳定火炮的射角，用于高低向稳定，也称为高低稳定器。双向稳定器同时稳定火炮的射角和射向（即高低向、水平向同时稳定）。三向稳定器除稳定射角和射向外，还稳定侧倾角。单向稳定器和双向稳

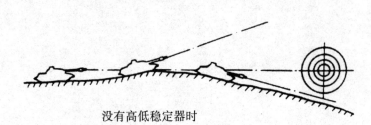

没有高低稳定器时

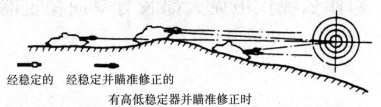

经稳定的　经稳定并瞄准修正的

有高低稳定器并瞄准修正时

（a）坦克在起伏地面行驶时火炮的稳定和瞄准情况

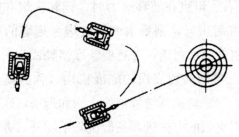

没有方向稳定器时

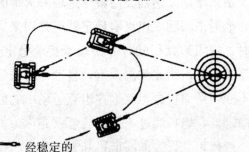

—— 经稳定的

—— 经稳定并瞄准修正的

有方向稳定器并瞄准修正时

（b）坦克在曲折路面行驶时火炮的稳定和瞄准情况

坦克在起伏和曲折路面行驶时火炮的稳定和瞄准情况

定器已广泛应用，而三向稳定器尚处于研制试验阶段。20世纪60年代以来，世界各国的主战坦克几乎都安装了双向稳定器，我国主战坦克也已采用双向稳定器。美国M1A1等主战坦克瞄准镜内还装有小功率稳定装置，坦克行进时，火炮和瞄准线都被稳定了，使整个火控系统的综合精度大为提高，可以实施坦克行进间对运动目标射击。由于M1A1坦克火炮和炮塔均采用了独立的双向稳定，故行进间射击效果较好。据参战的美军坦克兵反映，M1A1坦克能以15～25千米/时的速度在行进间攻击伊拉克坦克。坦克炮稳定器现正朝着提高稳定精度、扩大瞄准速度范围、减小体积、减轻重量和提高可靠性的方向发展，以及要实现系统故障的自检和系统、部件的系列化、标准化、通用化、组件化。

　　坦克炮稳定器由陀螺仪、放大器、电动机、减速器等组成，构造比较复杂。实际上可把它简化为由传感器与执行机构两大部分组成。它的稳定过程是这样的：例如弹道计算机定出火炮射击高低角是$0.1°$时，高低向稳定器就将火炮炮管稳定在$0.1°$的位置上。坦克运动时车体将发生颠簸震动，炮管受车体上下震动的影响，高低角必然会发生变化。比如炮管抬高$0.05°$时，传感器立即将感受到的$0.05°$变化量变成电信号，放大后，通过执行机构对火炮加修正力，使炮管迅速向下转动$0.05°$，恢复到高低角为$0.1°$的原定位置上。此时传感器就没有信号输出，修正力也就立刻消失，炮管就不会再转动了。由于这个修正过程是在很短的时间内完成的，因此，尽管炮管受车体颠簸震动发生变化，但修正力会使坦克炮始终保持在预定射角的位置上。有了坦克炮稳定器，就能在坦克运动中将火炮和并列机枪自动地稳定在原来给定的方向与高低角上，使火炮不受车体震动与转向影响。

（李太昌）

为什么现代坦克具有良好的夜战能力

夜幕降临，茫茫黑夜是一个无情的障碍，夜幕是最好的伪装，是实施奇袭敌人或紧急调动部队的天然屏幕。现代战争中，夜战已成为经常运用的一种作战方式。

自第二次世界大战后期出现了主动红外夜视仪以来，夜视技术已有很大的进展，特别是 20 世纪 70 年代以来，夜视技术发展更快。除主动红外夜视仪性能有了显著的提高外，微光夜视仪、红外热像仪也先后装备在坦克和装甲车辆上。这些夜视仪器是降服黑夜的胜利者，能令漆黑的夜幕变得"单向透明"。现代坦克驾驶员配有潜望式夜视仪后，可以在夜间观察车前的道路和地形，不开车灯，即可进行夜间驾驶；车长配有夜视仪，可以在夜间观察目标，指挥车辆；炮手配有夜瞄镜，可以在夜间对敌目标实施瞄准和射击。现代坦克装备这些先进的夜视仪器后，具有了良好的夜战能力。

海湾战争表明，在夜间及能见度差的昼间，坦克观瞄系统之优劣对坦克作战效能及生存力的影响，甚至比火炮、装甲优劣的影响更大。装有红外热像瞄准镜的各种西方坦克，不但具有在夜间搜索、捕捉、测定目标和先敌开火的优势，而且在有烟、尘和雾及能见度低的昼间作战时也具有明显优势。配备红外热像仪的坦克乘员不必向目标发射任何信号（从而不暴露自己）就能在能见度差的条件下发现、识别 3000～4000 米处的目标。海湾地面战争中，伊拉克军队坦克、装甲车辆，包括其苏制T-72坦克，被动挨打的重要原因之一是其夜视能力有限，与联军坦克相比，伊军坦克好似半盲人。在夜间及能见度不良的白天作战时，T-72坦克无法与美国 M1A1，乃至老式的 M60A1 坦克对抗。T-72 坦克炮长装备的是主动红外瞄准镜的视距只有 800 米左右，在 T-72 坦克接近其视距范围之前就会被 M1A1 或 M60A1 坦克摧毁。

红外夜视仪是用目标（物件、人员）发出的或反射回来的红外线进行观察的夜视仪器。苏制 T-72 等坦克装配有驾驶员、车长和炮长主动红外夜视仪和夜间瞄准镜。由于自然界物体的温度较低，辐射出的红外线能量很小，不能满足仪器的成像要求，所以主动红外夜视仪需要用红外探照灯或带有红外滤光玻璃的白炽探照灯来发射人眼看不见的红外辐射，照射目标，然后用夜视仪中的观察镜的物镜接收目标反射回来的红外线，在红外变像管的光电阴极面上形成目标的红外光学图像，通过变像管将不可见的红外目标图像转换成人眼可见的图像，在荧光屏上显示

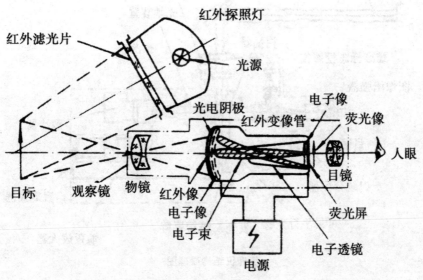

主动红外夜视仪原理图

出来，于是人眼就可通过观察镜的目镜观察到目标的图像。苏制 T-72 坦克驾驶员红外夜视仪的视距为 60～100 米，车长红外夜视仪的视距（目标是坦克）为 400～600 米，炮长红外夜间瞄准镜的视距为 800 米左右，有的可达 1000 米左右。主动红外夜视仪因为有红外探照灯照明场景，光束照射到目标上将使景物间形成了较显著的明暗反差，所以图像清晰，利于观察，但是容易自我暴露（红外探照灯向外发射红外线，容易被红外探测器发现）而招来火力攻击，而且观察的范围只限于被照明的景物，视距也受到探照灯的尺寸和功率的限制，红外探照灯易被打坏，因而逐步为各种被动式的夜视仪器——热像仪和微光夜视仪所代替。

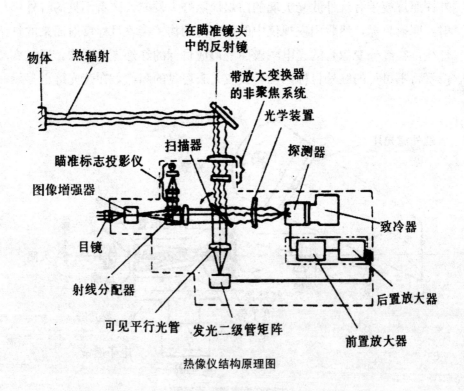

热像仪结构原理图

美国 M1A1 坦克就安装有红外热像仪，英国"挑战者"-1 主战坦克安装有微光夜视仪。热像仪是通过被动地接收目标的红外辐射实现对目标探测的，它的优点是灵敏度高、分辨率好，探测距离远，能较好地透过烟雾进行观察，缺点是需用高灵敏度的红外探测器、致冷温度很低的致冷器和高精密度的扫描仪，目前价格还很高。微光夜视仪是一种在夜间微光下利用高增益的图像增强器观察目标的装置，像增强器是它的核心器件，能被动地接收从目标反射来的微弱月光和星光，并把它放大几万倍，它致命的弱点是只能在有星光、月光而没有浓云烟雾的夜间工作。

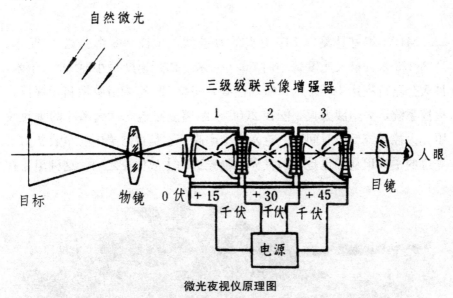

微光夜视仪原理图

因为现代坦克装有主动红外夜视仪，或装有热像仪、微光夜视仪，所以具有良好的夜战能力。

（李太昌）

为什么美国 M1A1 坦克具有较好的防御核武器、化学武器、生物武器袭击的能力

　　M1A1 坦克是美国 M1 坦克的改进型，车长 9.8 米、宽 3.65 米、高 2.375 米，最大速度每小时 66.7 千米，越野速度每小时 48.3 千米，最大公路行程达 480 千米，机动性好，安装 120 毫米滑膛炮和指挥仪式火控系统，火炮威力大，能在 2000 米距离上穿透 550 毫米厚的垂直装甲，火控系统反应时间短，首发命中率高，它是目前美国陆军装备的最先进的主战坦克，也是目前世界上最先进的主战坦克之一，这种坦克在

美国 M1A1 主战坦克

核战、化学战和生物战条件下，具有较好的防护能力和作战能力。

为什么美国 M1A1 坦克具有防御核武器、化学武器、生物武器袭击的能力呢？主要是这种坦克具有坚固的装甲防护，特别是降低了车高、将装甲外形改变成流线形，车体、炮塔具有良好的密封性，以及车体内采用坚实的装甲板将弹药、燃油与乘员分隔开来的措施，因此，它具有经受住核武器较大冲击波压力的作用，对核武器的光辐射、早期核辐射、放射性沾染和生物武器、化学武器有一定的削弱和遮蔽作用。同时，M1A1 坦克还装有一套乘员集体防核武器、防生物武器、防化学器袭击的装置（简称三防装置或三防系统），能有效地用以保护坦克内的乘员和车内机件免遭或减轻核、生物和化学武器的杀伤、破坏。

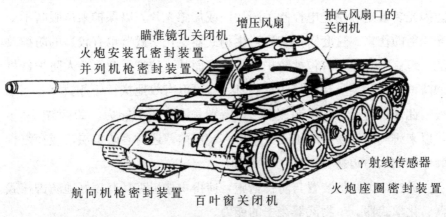

坦克三防装置的配置

三防装置是由密封装置（密封组合件、自动关闭机构等）、滤毒通风及增压装置、探测报警仪器、防闪光装置和防毒衣具等组成的。

密封组合件是指对坦克车体和炮塔的门窗缝隙加装的橡胶密封件、防水胶垫，对旋转部位所采用的充气密封环等。自动关闭机构一般由接收控制部分和关闭机构组成，用来自动关闭坦克观察、瞄准仪器的孔洞和车体、炮塔上的一切正常情况下打开着的孔口，以防冲击波对乘员的伤害。

滤毒通风及增压装置能将污染的空气净化后送入密闭的乘员室，为乘员提供适宜的空气，并形成超大气压力，阻止被污染的空气从缝隙进入车内，保证坦克内乘员的安全。

探测报警仪器用以接收任何方位核爆炸的 γ 射线或光辐射，探测车外毒剂和放射性沾染的剂量，适时发出报警信号。当坦克遭受核武器袭击时，探测报警仪器发出报警信号，灵敏地启动电气装置和机构，自动关闭坦克火炮瞄准镜孔和炮塔、车体其他正常开启着的孔口，防止（或削弱）冲击波对乘员的伤害。

为了防光辐射，坦克上安装的观察、瞄准仪器装设了防闪光装置，防闪光装置是利用光电控制关闭快门或加感光片，以保护乘员眼睛不受光辐射的伤害。这套防护装置对生物武器、化学武器也有较好的防护效能。坦克内还配备有包括防护衣、防毒面具、防护手套等个人防护器材的防毒衣具，乘员穿戴好防毒衣具，就可以有效地执行任务。

此外，为提高防早期核辐射，特别是防中子的能力，20 世纪 70 年代以来研制的许多主战坦克在乘员室装甲内壁还衬有防护层，或在复合装甲中加入防辐射材料。

通过以上防护装置与防护措施，使得主战坦克具有较好地防御核武器、化学武器、生物武器袭击的能力。

（李太昌）

为什么现代坦克装有复合
装甲和爆炸式装甲

20世纪70年代以来，复合装甲、爆炸式装甲广泛地应用于现代坦克上，显著地增强了坦克的抗弹能力。复合装甲、爆炸式装甲将继续改进和发展，是下一代主战坦克采取的主要装甲防护技术之一。

复合装甲是由两层或多层性能不同的材料构成的，基本上可分为金属复合装甲、金属与非金属复合装甲两类。金属复合装甲一般是两层，也有三层的，主要有钢与钢、钢与铝以及铝、镁、钛等轻合金之间的复合等几种形式，它们将强度与韧性、软与硬有机良好地结合在一起，从而取长补短，有效地提高防弹性能。金属与非金属复合装甲应用较普遍，这种复合装甲一般是三层，非金属材料夹在外层和内层金属材料当中，像人们爱吃的夹心饼干一样。非金属材料一般是陶瓷、玻璃、树脂或增强塑料，也有仅用陶瓷的，还有的加入了防核辐射材料。陶瓷是高硬度低韧性的材料，抗压强度可达钢的10倍，因而能加强抗弹能力。树脂或增强塑料是低硬度高韧性的材料，可吸收、分散弹头的剩余能量。复合装甲中坚硬的金属材料能使弹丸破碎、耗能或偏转。用这种"软硬兼施"的办法来对付反坦克弹头，自然要比单一的均质装甲强得多。

复合装甲一般用螺栓固定在钢基体装甲上。当破甲弹击中复合装甲

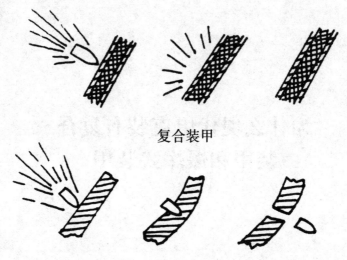

复合装甲

均质装甲

复合装甲、均质装甲抗弹能力示意图

时，破甲弹爆炸产生高能金属射流穿透外层钢板，碰到陶瓷层时，陶瓷层能使射流分散、偏转，不能击穿内层钢板，因而降低了破甲弹的破甲能力。当穿甲弹穿透外层装甲后，遇到陶瓷层，能使弹丸失去大量能量，因而也降低了炮弹的穿甲能力。最有名气的复合装甲是英国的"乔巴姆"（chobham）装甲，据称，采用"乔巴姆"装甲使坦克对导弹的装甲防护力一下子提高了两倍多。由于复合装甲具有卓越的抗弹性能，它既能有效抵御穿甲弹，又能有效地抵御破甲弹，因此，多年来发展非常迅速，在"挑战者"、豹2、M1、T-72、T-80等主战坦克上都采用了复合装甲。并且，各国都在为其下一代坦克研制更先进的复合装甲。

1982年，以色列入侵黎巴嫩战争期间，以色列使用的坦克上附加了许多像砖块一样的东西，这种东西就是爆炸式装甲，也称反作用式装甲或反应式装甲，它可使空心装药破甲弹的破甲威力减小　半左右。逊丘伦、M60坦克附加上这种装甲后，可防苏联AT－3反坦克导弹的攻

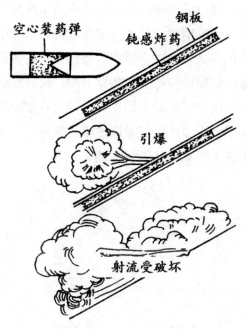

爆炸式装甲工作原理示意图

击。以色列在侵黎战争中，以自损几十辆坦克而击毁巴解组织和叙利亚坦克 500 辆的战果，从而使爆炸式装甲名声大震。以色列在实战中首次使用爆炸式装甲并取得良好的防弹效果后，引起了全世界的注意。后来，美国、苏联、英国等国的主战坦克也相继安装上了类似的装甲。

所谓爆炸式装甲是指以某种爆炸方式破坏来袭弹丸效能的装甲防护措施。

爆炸式装甲是由装有钝感炸药的长方形扁平铁盒子组成的，用螺栓固定在坦克主装甲的外面。当空心装药破甲弹或反坦克导弹打中铁盒子时，立刻使铁盒内的钝感炸药发生爆炸，爆炸力对破甲弹或反坦克导弹的高速高温金属射流产生分散、阻扰并改变方向等破坏作用，使射流的贯穿力降低约 75％，从而减弱其破甲威力，保护坦克主装甲。据报道，爆炸式装甲抗破甲弹效能是相同重量均质钢装甲抗弹能力的 3～5 倍。

爆炸式装甲还能抵消穿甲弹的一部分动能，当穿甲弹以 1600 米/秒以上的高速击中爆炸式装甲时，受空气摩擦变得灼热的弹丸将引爆钝感炸药，爆炸力能偏转穿甲弹弹头的贯穿方向，从而减弱其穿甲能力。爆炸式装甲用于防黏头碎甲弹的效果更好，因为它使碎甲弹不能紧贴在主装甲上爆炸，碎甲弹爆炸产生的激震波不直接作用于主装甲上，从而保护了主装甲，增强了坦克的抗碎甲弹能力。

（李太昌）

为什么美国要在 M1A1 主战坦克
上安装贫铀装甲和"围裙"

　　1988 年美国宣告贫铀装甲研制成功，并计划安装在 M1A1 主战坦克上，以对付苏联 FST-1 坦克上的 135 毫米火炮的袭击。贫铀装甲的出现是继爆炸式装甲问世以来，坦克装甲防护上又一项重大发明。

　　贫铀装甲是用铀的副产品制成的新型坦克装甲。贫铀装甲的结构是在钢质装甲里镶嵌入网状（或丝）贫铀，经特殊热处理而制成。贫铀装甲的密度和硬度均为钢装甲的 2.5 倍，而且非常坚硬。据报导，抗弹能力可达钢装甲的 5 倍。贫铀装甲能防御穿甲弹和破甲弹的攻击。试验业已证明，它能经受得住 135 毫米滑膛炮穿甲弹的攻击。美国 M1 坦克复合装甲抗尾翼稳定脱壳穿甲弹的性能相当于 400 毫米厚的钢装甲。海湾战争的结果表明，M1A1 坦克的防护性能明显优于苏制 T-72 坦克，生存能力较高。在参战的 1956 辆 M1A1 坦克中，据美军方面公布的材料，M1A1 坦克虽多次被伊拉克 T-72 坦克上的 125 毫米坦克炮炮弹直接命中，但未穿透 M1A1 坦克装甲，无一辆被伊方坦克所击毁，无一乘员在作战中丧生。

　　据报导，贫铀实际上是将铀制成供核武器或核反应堆使用的浓缩铀之后产生的副产品，它释放的辐射极少，不会造成任何危害，对人体健康没有明显的威胁。坐在那种坦克上面所受到的辐射比乘飞机飞越大西洋时所受的辐射要小。也不需要特殊防护。每个乘员连续工作 75 小时所接受的剂量只有 30 毫雷姆，相当于一次 X 光胸透所接受的剂量。

美国 M1A1 坦克为了加强防护能力，在坦克两侧的履带与翼子板之外还安装了一种厚约为 5～6 毫米的特殊的装甲板，就像坦克穿上了"围裙"，人们称这种装甲板为"装甲裙板"，又称"屏蔽装甲"或"侧护板"。这种裙板有的是用高硬度钢板制成的，也有用特种橡胶制成的，还有用两层高硬度钢板之间夹一层碳纤维或类似的材料制成。

坦克安装装甲裙板后，破甲弹打到装甲裙板上爆炸以后，开始形成高温高速高压的金属射流，金属射流穿过装甲裙板，到达主装甲（坦克车体侧装甲）时，被拉得很细很长，甚至拉断了，破坏了破甲弹的聚能效果，这时射流没有能力穿透主装甲，破甲效能大为减弱，从而装甲裙板保护了主装甲，对暴露的行动装置（履带、负重轮、主动轮、诱导轮等）也有一定的防护作用。主装甲外面加上装甲裙板后，遇到碎甲弹的袭击，也会减小碎甲弹的破坏效果。显然，装甲裙板提高了坦克对破甲

美国 M1A1 坦克穿上装甲"围裙"

弹和碎甲弹的防护能力。因此，除美国 M1、M1A1 坦克装有装甲裙板外，目前苏联T-72、德国豹2等主战坦克都安装了这种装甲裙板，提高了坦克的防护性能。

（李太昌）

为什么俄罗斯要在 PT-5 高级
坦克上安装主动装甲

在 1992 年 8 月第二届"沙漠安全"（DSEC Ⅱ）国际武器装备展览会上，展出了一种闻所未闻的俄罗斯新式"PT-5 高级坦克"。该坦克是俄罗斯正在研制的一种新式主战坦克，预计 1995～1996 年开始批量生产。所谓高级坦克，系指一种体现一定时期最高技术成就、独具创造性的高技术坦克。PT-5 高级坦克则是指俄罗斯继苏联 T-34、ИС-2、T-64 和 T-80 之后的第五种高级坦克，它是第二次世界大战以来出现的第一种非常规设计的坦克，它的出现将标志着战后新一代高级坦克发展的开始。

PT-5 高级坦克的主要特点之一是车首倾斜装甲采用新型主动装甲（也称主动防御系统），PT-5 高级坦克之主动装甲以苏联之"画眉"系统为基础，"画眉"系统于 20 世纪 80 年代末、90 年代初见于 T-55AД 坦克上。它有一部雷达，用于探测来袭的反坦克导弹，并控制安装在炮塔外部的掷弹筒发射一组弹丸，在来袭反坦克导弹尚未命中目标之前，就将其击毁。

为了对付未来战争的威胁，包括俄罗斯在内的各主要坦克生产国都在加紧研制盾矛结合的主动装甲。主动装甲系统能够在坦克附近探测出来袭弹丸的方向及速度，在弹丸命中坦克之前，立即发射拦截弹，主动

坦克主动装甲迎击来袭炮弹

攻击高速入射的弹丸，将来袭弹头摧毁，从而使坦克免遭毁灭。它把坦克的"盾"和"矛"巧妙地结合在一起了，这是一种真正的主动装甲系统。但它应有一套相当先进的探测控制系统：坦克在一定距离以外发现来袭炮弹弹丸，然后在短暂的一瞬间（仅几十毫秒）完成信号传输、逻辑判断、发射拦截弹直到在坦克以外一定的位置上引爆来袭弹，这个技术难度是很大的，目前实现起来还有不少困难。PT-5 高级坦克在批量生产时能否实现这种主动装甲系统构想，技术方面仍有许多难题尚待解决。

主动装甲系统 20 多年前就有人考虑了，据报道，目前除俄罗斯坦克设计者们正在研制外，美国也已拟定了一个叫做"坦克防御构想"的系统。主动装甲系统构想一旦实现，将对未来的地面战场产生重大的影响。

（李太昌）

为什么要研究在未来的
坦克上应用隐形技术

海湾战争表明，未来空地一体战场上，坦克将面临种类多、效能高、射程远、全方位、制导或智能化反坦克武器的空前严重威胁。探测与发现坦克的手段也日新月异，未来坦克将面临热红外、激光、电磁及毫米波雷达、音响、光学等精密探测装置的探测威胁。因此，各军事强国都在加速研制基本适合未来空地一体作战需要的较高质量的坦克装甲车辆，提高坦克的火力（特别是提高坦克远程对抗能力），提高坦克的自身生存能力。隐形技术应用在坦克上，将大大提高坦克和乘员在战时的生存能力、突防能力和作战能力。

隐形技术是针对现代高技术探测系统，诸如各种雷达探测系统、红外探测系统等进行对抗而研究的一种高技术。因此，设计者要千方百计地削弱自己目标在敌方雷达荧光屏、红外显示器等探测设备上的显示信号，并设法运用"隐真"和"示假"手段迷惑敌方。在海湾战争中，美国曾出动大批 F-117A 隐形战斗轰炸机，它们巧妙避开伊拉克雷达系统，在无战斗机护航的情况下仍能准确投掷炸弹，并全部安全返回。这是迄今世界上大规模使用隐形技术成果于战场的实例。

隐形技术是一门新兴的综合性技术，目前已日趋成熟，达到可以广泛应用的阶段。隐形技术是传统伪装技术的进一步发展，是研究如何尽

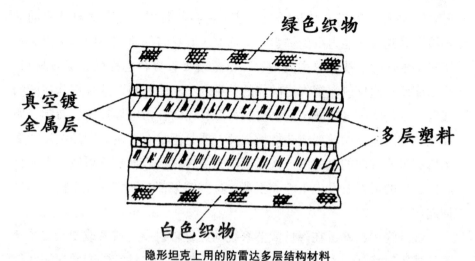

绿色织物

真空镀
金属层

多层塑料

白色织物

隐形坦克上用的防雷达多层结构材料

可能减弱武器系统自身发出的可探测特征。

20世纪70年代中期以来，美、苏、日、英等国都拨出大量经费来开展隐形技术的研究，研究的重点是防雷达和红外探测，在隐形技术的发展上他们各不相让，竞争十分激烈。80年代初，飞行器的雷达隐形技术有了突破性的进展。当前，美国在隐形技术领域处于领先地位，先后设计和制造了隐形战斗机、轰炸机、微型无人机和巡航导弹等。美国在研制隐形飞行器的同时，也着手将隐形技术应用于坦克、舰艇和地面设施上。

对抗雷达波是隐形技术的主攻方向。1983年美国福特汽车公司根据同陆军签订的一项合同，开始研制能减少坦克的雷达信号特征、用玻璃纤维复合材料构成的布雷德利炮塔。美国还研制成一种用来覆盖坦克、卡车或地面军事设施的防雷达多层结构材料。这种材料的外表面是绿色或白色织物，中间夹有若干层（约6层）真空镀金属聚脂薄膜，据称可衰减雷达波能量12～20分贝。在1986年举办的英国陆军装备展览会上，普莱赛器材公司展出了一种轻型雷达波吸收装甲，称为K-

RAM，这是一种以芳酰胺纤维为基本材料的装甲，使车辆对抗主动毫米波制导武器的能力得到加强。雷达波吸收材料的研究与应用是坦克装甲车辆雷达隐形技术的主要内容。雷达波吸收材料也称微波吸收材料，它是能使雷达反射波消失或减弱的一类新型功能材料。这种特殊功能的成因，或是由于雷达波与这类材料相互作用时，由电导损耗、高频介质损耗和磁滞损耗而转变成热能散失掉；或是把具有一定方向的电磁能变为所有可能方向的电磁能；或是因电磁波在材料表面的反射波与进入材料内部后的反射波发生干涉而抵消。这些结果都会使雷达几乎接收不到回波信号。

红外隐形技术旨在降低武器系统的红外辐射强度或者改变武器系统的红外辐射特征，以对抗对方的被动红外探测（包括红外光源探测和红外成像探测）。坦克装甲车辆的主要红外辐射源有发动机高温金属部件、发动机废气、传动行动部分、炮管、车体。美国第四代坦克动力装置方案，对减少发动机和传动齿轮的热损耗、热传导问题都做了认真的考虑。红外隐形技术的另一个重点是应用对抗红外探测的隐形材料。据报导，美国正在大力研究坦克装甲车辆防红外热像仪探测的红外低辐射材料，且在实验室研究中取得了很大进展。英国"维克斯"7型主战坦克上已应用了防红外探测涂料。适用于坦克装甲车辆对抗被动红外探测的隐形材料有聚苯乙烯和聚氨脂泡沫塑料。泡沫塑料质量轻，使用简便、隔热性能优良，而且易于着色，将泡沫塑料喷涂、刷涂或胶粘到车体表面，可使车体表面与背景的热辐射特性接近一致。这种材料的隔热效果随其厚度而变，因而可视各部位温度高低涂覆不同的厚度（一般为1～4毫米）。为了增大隔热效果，在车辆的热源处可再铺一层硅橡胶。

除上述雷达和红外隐形技术外，对抗激光探测和被动毫米波探测也是隐形技术新的重要领域。但目前还处在起步阶段。

应指出，由于坦克装甲车辆所面临的光、电侦测手段很多，这就要求研究多功能隐形技术，并考虑各种频段隐形性能的兼容性。而其重点

是研究能对抗多种侦测手段的超宽频多功能隐形材料。还应指出坦克车辆的隐形技术和飞行器隐形技术虽有相似之处，但也有一些特殊性和困难，因为坦克装甲车辆的目标特性、背景特性及所面临的侦测手段都和飞行器不同。研制成隐形坦克尚须努力。

（李太昌）

为什么现代坦克上装有烟幕装置

英国"挑战者"主战坦克炮塔前部两侧各安装有一组5管烟幕弹发射装置。西方国家军队的坦克和装甲车辆大多装备了烟幕弹发射器，烟幕弹发射器由若干发射管构成，用电操纵发射。这些发射管固定安装在炮塔两侧的不同方向上，使齐射时的烟幕弹在60°～140°的弧度内散布。改变炮塔及车辆的方向可以改变烟幕弹发射角度。射弹一般在车外

烟幕弹发射器

坦克炮塔上装有烟幕弹发射器

20～100米处形成烟幕。现代坦克先进的烟幕弹一次齐射爆炸后几秒钟便可造成百米宽的烟幕。根据烟幕剂、气象条件的不同，烟幕一般可停留几十秒至三分钟。现装备的烟幕发射器和配用的弹药多种多样，每组发射器的发射管数目也各不相同，少则2管，多则达8管。

在苏联一些坦克、装甲战车上使用了发动机排气烟幕装置（也称热烟幕装置）。这种烟幕装置，把坦克、装甲战车所用的燃料喷射到发动机的排气道进行蒸发而产生蒸汽，并和废气相混合，这种混合气体的温度高于外界气温，因此，当它从排气道排出来与外界空气接触时，就迅速冷凝成微粒，而形成灰白色或乳白色烟幕。1979年后，美国仿照苏联的技术进行研制，并在M60A1、M60A3坦克和其他装甲车辆上装备了"车辆发动机排气烟幕系统"（VEESS）。

现代坦克和装甲战车上为什么要安装这些烟幕装置呢？

在《三国演义》小说、电视剧中，诸葛亮"草船借箭"的故事，在我国几乎老幼皆知。诸葛亮趁着江面漫天大雾，向曹操"借"箭10万余支。按今天的伪装术语来说，"漫天大雾"就是自然"烟幕"伪装。

烟幕伪装是用烟雾遮蔽目标和迷惑敌人的一种方法。自然雾受时

发烟罐

坦克车尾装有发烟罐

间、地点、气象条件等的限制，局限性很大，而且能否利用自然雾，跟指挥员通天文、识地理的程度有关。因此，人们就研究用人工的方法制造烟雾。到了18世纪中叶，人们发明了人工烟雾，并被立即应用于战争。随着武器装备的发展，战斗规模逐渐扩大，保护军队有生力量的问题显得更加重要。因而烟幕也就在隐蔽军队战斗行动、保护有生力量方面大显身手。第二次世界大战的许多战役中，苏、美、英、德都广泛地使用了烟幕。在越南战争期间，美空军曾使用激光制导炸弹轰炸河内富安发电厂，虽然这种炸弹的命中精度比常规炸弹高145倍以上，但由于越军采用了烟幕对抗手段，竟使数十枚激光制导炸弹无一命中。

烟幕就是用人工方法，把一定形状和尺寸的大量固体微粒或液滴分散并悬浮于大气中而形成的，是一类人工产生的气溶胶。烟幕是传统的遮蔽、伪装和迷茫的手段，在战场上用来掩护各种军事行动。在光电观测和制导技术广泛应用于各种先进武器系统的现代战场上，烟幕起着重要的作用，成为对抗这些武器系统的有效手段。烟幕凭借大量烟粒对可见光、红外光、激光等辐射有吸收和散射的综合作用，把入射的光辐射衰减到光电观瞄、探测系统不能可靠工作的程度，这样就切断了光电系统与目标之间的瞄准线，起到了对抗的作用。因此，为了提高坦克在战场上的生存力、作战能力和防护，现代坦克、装甲战车上都安装有烟幕装置。20世纪80年代以来，国外十分重视发展具有多波段光谱遮蔽能力、能够对抗中、远红外波段的红外成像系统和二氧化碳激光系统实施有效对抗的红外烟幕武器，并已取得了明显的进展，美国M1坦克已配有自防用M76型红外烟幕弹，英国、瑞典等国也先后研制成了坦克自防用红外烟幕弹。他们还研制、发展一种多用途烟幕。

烟幕在伪装中作用显著，但它易受气候、地形的影响，大雨能加速烟幕的消散，风向不利会使烟幕帮敌人的忙，森林、高地也会减少烟幕的传播纵深，因此在使用中需要对这些客观条件加以重视。

（李太昌）

为什么现代新型坦克能顶住中子弹的袭击

中子弹也叫做"加强辐射弹",它实际上是产生核聚变的一种小型化的氢弹。中子弹和氢弹的不同点之一,在于中子弹爆炸后,产生摧毁周围物体的冲击波比氢弹要小,放出的污染物质也较少,其"聚变"的能量,约有百分之八十是以高速中子流的形式释放出来,所以,由此得名"中子弹"。1976年,美国宣布研制成功中子弹。在常规战争中,中子弹将是威胁坦克生存力的重要因素。

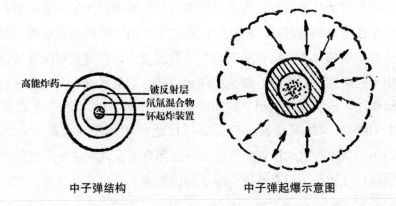

高能炸药　　铍反射层　　氘氚混合物　　钚起炸装置

中子弹结构　　　　　　中子弹起爆示意图

中子弹是以聚变反应放射出大量的高速中子(高能中子流),在局部地区形成一片密集的中子雨,起杀伤作用。高速的中子和透视用的 X 射线一样,具有很强的穿透人体、坦克的装甲、掩体和砖墙等物体的能力。由于中子进入人体后，能使人体组织的氢、碳、氮起某种核反应，破坏人的细胞和神经，在人体接受足够剂量的情况下，就会失去战斗力，严重时能立即使人死亡。因此，当中子弹在坦克群上空爆炸后，其产生的冲击波，虽然不足以使坦克车体、炮塔受到破坏，而强有力的中子流则能穿透很厚的坦克装甲，杀伤里面的乘员。坦克、建筑物、武器装备等却能完好地保存下来。这也就是中子弹杀伤作用的特点。

由于中子弹轰击后产生的中子流在穿透各种物质的过程中，不断地使物质的原子电离、激发，所以会消耗自己的能量。例如，100～130毫米厚的均质钢装甲，可阻挡20％～36％的中子。若加装20毫米厚的特殊塑料层迭板，则可使中子辐射强度衰减到千分之一，于是，可使车内的照射剂量比车外的小，对车内乘员的损伤就轻得多。

现代新型坦克，特别是主战坦克，车体、炮塔装甲比较厚，能够阻挡一定量的中子，即对中子弹具有一定的防护性，能为坦克乘员提供较为可靠的防护。但是只靠加厚装甲来减弱中子弹的杀伤能力，会大大增加坦克的重量，这不是最好的办法。因此，不少国家都在积极开展防中子流贯穿装甲的技术研究，在坦克装甲内加一种重量增加不多而能有效减弱中子弹杀伤的新材料。据介绍，在装甲上加一层硼酸聚乙烯，对防中子流有明显的效果，也有助于防破甲弹的攻击。有的是利用碳氢物质对快中子的碰撞衰减作用，以及用硼和铅铁等重金属对热中子和 γ 射线的吸附作用，研制成新型坦克防中子衬层。苏制 T－72 坦克内部装有厚约2～3厘米的渗铅塑料衬板，就可以防护中子流和电磁波。苏制 T-80、美国 M1 等主战坦克的复合装甲也都有能吸收大量中子流的内衬层。所以，现代新型坦克能顶住中子弹的轰击。

（李太昌）

为什么要研制智能坦克

智能坦克，俗称机器人坦克、无人坦克。

微电子技术与自动控制技术的发展，使人们早在探索未来战场上使用无人驾驶坦克的可能性，以进一步提高坦克的作战效能和生存能力，并节约人力。

所谓智能坦克，就是利用第五代具有多种功能的电脑制成机器人，根据事先设计的程序，在战场上自动适应环境条件变化，灵活机动地完成车辆各种控制与信息处理的动作。

1943～1945 年，德军曾在少数重型坦克营装备有 BIV 无线电操纵爆破坦克，支援"虎"Ⅱ式战斗坦克。这种坦克内无乘员，是无人坦克，最大装甲厚度 150 毫米，车长 3.35 米，车宽 1.8 米，车高 1.25 米，车重 3.6 吨。它是一种用无线电操纵的装有炸药的小型履带式车辆，用来爆破碉堡或其他障碍物、探雷和排雷，破坏普通坦克炮火力所不及的野战筑城工事，以此支援部队的进攻，必要时也可消除毒剂沾染。为遂行爆破任务，该坦克在前甲板上携带 450 千克炸药，它可借遥控装置从车上抛下炸药后驶回，然后由因抛射而激发的定时引信或别的无线电信号引爆。探雷由装在车体前部的一个控制式探雷器实施，该探雷器用无线电不断地把信息发回控制车，然后由另外一个装置把地雷排除。无线电操纵的距离取决于不同的条件，大致是 2 千米，操作手必须

二次大战中德国 BIV 无线电操纵爆破坦克

始终看到爆破坦克。这种坦克在第二次世界大战的实践中曾得到应用。但因无线电操纵使用体积大、又容易损坏的电子管，作战使用较少，因此，这种坦克战后没得到发展。

20 世纪 80 年代以来，随着高科技的迅猛发展，美、英等国开展了智能坦克的研究。美国国防部官员宣称，"到 2000 年，将出现一支由机器人组成的特种部队"。1981 年春天，主管研究、发展和探索的副总参谋长成立了一个专门的"仿人机研究室"。美国陆军在 1983 年公布的《装甲战车科学技术规划》中，将战车机器人列入发展规划。这表明在坦克上应用机器人，已经提到议事日程。接着，美国提出了一种指挥坦克与多个发射子系统（智能坦克）相组合的设计方案。发射子系统上装有微波雷达目标搜索传感器及"陶"式导弹。作战时，发射了系统将捕捉的目标图像，通过光纤传输给指挥坦克，由指挥坦克遥控操纵，指令射击。

　　智能坦克是一种由机器人（仿人机）代替坦克乘员完成指挥、通信、目标搜索并射击、装弹、驾驶等作业的无人坦克。其上的机器人能思考、会判断，具有记忆、思维和自学的功能。这种坦克不需要人操纵，它与上述的无线电操纵爆破坦克相比，技术上可就先进多了。

　　智能坦克具有许多优点，大致归结为：一是取消坦克乘员，机器人代替坦克乘员完成繁重的体力消耗、紧张的战斗动作。未来战场上，爆破、克服障碍、排雷等特殊任务由机器人完成。减少了人员的牺牲，特别是在核战、化学战、生物战的条件下，智能坦克能继续进行战斗。二是智能坦克将改变未来战争中坦克被动挨打的态势，出现"柳暗花明又一村"的新局面。在特殊地带，一定数量的智能坦克可组成一道稳固的抵御敌装甲部队的防线。三是智能坦克能自动识别地物，自行行驶，能自动绕过或克服障碍，能自动排雷，能自动发现目标、跟踪目标，精确瞄准并射击，将目标歼灭掉，使射击反应时间大大缩短，并能提高坦克武器的射速和命中率，从而提高了作战效能。四是在敌人炮火面前，机器人无所惧怕，能与敌人战斗到底。

（李太昌）

为什么要研制无炮塔的坦克

最早用于实战的坦克是无炮塔坦克，这就是英国的Ⅰ型（MarkⅠ）坦克。

第一次世界大战后期法国研制的雷诺FT-17型坦克第一次安装了单个能旋转360°的炮塔和弹性悬挂装置，具备了现代坦克的雏形。这种旋转炮塔式坦克的结构形式，一直沿用至今。

直到20世纪50年代，瑞典陆军为了对付苏联T-54坦克，着手研制了一种无炮塔坦克——"S"坦克，并于1967年正式投产。这种坦克打破了传统的设计方法，是迄今为止唯一装备部队的无炮塔主战坦克。"S"坦克装有一门口径为105毫米的火炮，火炮固定安装在车体上，不能相对于车体运动。车体后部安装了自动装弹机，火炮瞄准靠车体旋转和俯仰。由于无炮塔，地面至车顶高度只有1.9米，至车长门的高度也只有2.14米，是目前世界上最矮的主战坦克。它的正面投影面积小，因此，中弹的可能性小，防护性能较好。但"S"坦克火炮本身不能旋转和俯仰，只能通过转动整个车辆才能旋转，因此不能在行进间进行瞄准、跟踪和射击。于是，无炮塔坦克没有得到推广。

随着科学技术的不断发展，坦克在未来战场上将面临着多种反坦克武器所构成的立体威胁。为了充分发挥坦克在战场上的快速突击作用，有效地同地面、空中的各种反坦克武器作斗争，坦克专家们想方设法来

瑞典的无炮塔"S"坦克

加强坦克的装甲防护力。例如，改变装甲钢的化学成分，合理分配坦克各部位的装甲厚度，设计新的外形，采用复合装甲、反作用装甲等先进技术。这些措施显著地提高了坦克的防护力，但同时也增加了坦克的重量和体积，因而降低了坦克的机动性，增加了坦克被击中的可能性。为此，许多国家在研制发展新一代主战坦克中，十分重视在控制坦克重量、尺寸和成本的前提下，较大幅度地提高坦克的摧毁力、生存力和适应性。

传统式的坦克炮塔体积大，位于整个坦克的最高处，易被击中，要加强坦克顶部装甲以对付直升机的顶部攻击，又会增加坦克的重量。于是有人提出取消传统的大座圈旋转式炮塔，代之以无炮塔——用车顶炮架安装的火炮、升降耳轴安装的火炮、低矮的裂缝式炮塔、单人炮塔、铰接式坦克等方案。其中，人们对无炮塔坦克尤感兴趣。采取上述各种新结构的主要目的是降低坦克总高度，减少炮塔部分的体积和重量，利用节省的重量加强坦克薄弱部位的装甲防护，尤其是加强坦克顶装甲的防护，从而提高坦克的战场生存能力。随着信息传感技术、车辆电子学技术、现代光学、自动控制、新材料、新工艺的发展，以及各种形式的自动装弹机相继问世，乘员可在车体内通过光—电传输的间接观察（显示器可布置在坦克内任何方便的位置上），以遥控方式操纵坦克，甚至使用机器人控制坦克。再加上坦克高度的急剧降低，暴露的投影面积减少，降低了坦克的中弹率。这些都为彻底改进传统的坦克总布置形式和实现无炮塔坦克创造了良好的条件。

瑞典正在尽力研究克服"S"坦克存在的缺点，使"S"坦克的低矮的外形特点和火炮的360°旋转结合起来，现已研制成一种火炮装在外部的试验车辆（UDES-19）。德国在 20 世纪 70 年代末即着手探索瑞典的"S"无炮塔坦克的发展前景。德国研制豹 3 式坦克的 7 个方案中，就有 3 个属于无炮塔式。这 3 个方案：在车体一侧的暗炮台上装 1 门火炮；在车体两侧的暗炮台上装两门火炮；使用自动装弹机构，火炮完全外置式。这三种方案的火炮都不固定于车体。据分析，最可能实现的是火炮完全外置式。这种方案是把炮及其装填机构完全装到车体上部，已经研制出样车，但还有些问题尚待解决。美国也在研究顶置炮架的坦克的方案。

（李太昌）

为什么步兵战车是进行现代
化地面战的一种重要装备

　　步兵战车是供步兵机动和作战用的装甲战斗车辆，主要用于协同坦克作战，也可独立遂行任务。步兵可乘车战斗，也可下车战斗。步兵下车战斗时，乘员可用车上武器支援其行动。在坦克和机械化（摩托化）部队中，装备到步兵班，它是进行现代化地面战的一种重要装备。现在许多国家的军队已装备有步兵战车。

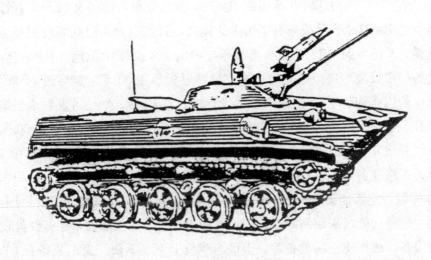

步兵战车

20 世纪 50 年代，各国军队装备的装甲输送车以输送步兵为主，为使步兵能乘车协同坦克作战，增强对付步兵反坦克武器的能力，提高部队的进攻速度，有的国家开始研制步兵战车。1954 年法国利用 AMX-13 轻型坦克底盘研制了一种装甲输送车，1956 年装备部队，该车载员舱两侧及后车门上开有射击孔，步兵面向外坐，可乘车射击，为步兵乘车作战创造了一定的条件。车上安装一挺 7.5 毫米机枪，后经改进，加强了火力，称为 AMX-VCI 步兵战车。20 世纪 50 年代后期，为适应未来核战争的需要，苏军组建了摩托化步兵师，以提高步兵的机械化水平。为满足步兵能乘车协同坦克作战，提高进攻推进速度的要求，苏联于 20 世纪 50 年代末开始研制步兵战车，1967 年开始装备苏军，该车采用了 73 毫米短身管低压滑膛炮和 AT-3 反坦克导弹相结合的混合武器系统。它是世界上最早大量装备的履带式步兵战车，也是各国军队中装备数量最多的步兵战车。为了和后来研制的 БМП-2 相区别，前期生产的步兵战车称为 БМП-1 步兵战车。БМП-2 步兵战车采用了新的双人炮塔和 30 毫米机关炮，有双向稳定器，安装有 AT-5 反坦克导弹。20 世纪 80 年代初苏联开始研制 БМП-3 步兵战车，1986 年投产，其性能较之 БМП-2 步兵战车有了很大的提高，其主炮为 1 门既能发射普通炮弹，又能发射 AT-10 型激光制导导弹的 100 毫米滑膛炮，这是迄今装备的步兵战车口径最大的火炮，导弹射程为 4000 米，能穿透 500 毫米厚的均质钢装甲，到 4000 米的飞行时间为 12 秒。炮还可发射杀伤爆破弹，射速 8～10 发/分，弹的初速为 250 米/秒。其辅助武器有 30 毫米机关炮 1 门、РПК 式 7.62 毫米并列机枪 1 挺和同口径车首机枪 2 挺，车载武器在 1000 米的距离上对目标开火的时间不到 3 秒，命中率为 90%，炮塔能旋转 360°，武器俯仰范围为 -5°～+60°，可对付直升机。炮塔前弧区采用间隙式装甲，发动机功率达 500 马力，还有红外夜视设备、核生化三防设备等，但该车载员上下车不便。美军装备有 M2 和 M3 "布雷德利" 战车，日本有 89 式步兵战车，德国装备有 "黄鼠狼"步兵战车。

步兵战车战斗全重 12～28 吨，乘员 2～3 人，载员 8～9 人，一般能水陆两用，履带式步兵战车陆上最大时速 65～75 千米，水上最大时速 6～8 千米，最大爬坡度约 31°。车体和炮塔通常由高强度合金钢或轻金属合金材料制成，装甲较薄，装甲防护力较弱，战场生存力较差。

在现代化战场上，由于战场的广域性、流动性和复杂性，单靠坦克横冲直撞，很难完成战斗任务，也往往成为众矢之的。坦克必须有步兵战车等其他装甲车辆、步兵、炮兵乃至航空兵的密切协同作战，才能谱写出一支支雄壮的战争交响曲。

（李太昌）

为什么某些军事大国特别
青睐新一代自行火炮

近年来，外军发展炮兵压制武器系统的显著特点之一，就是各国研制、装备的重点仍然是自行火炮，不仅发达国家如美、法等国在大力发展自行榴弹炮，而且发展中国家如印度也在发展自己的自行榴弹炮。外军为什么这样青睐自行火炮呢？这主要是二战以来外军的作战指导思想和自行火炮本身的特点所决定的。

目前美、俄等军事大国及一些西方发达国家制定的作战指导思想主要：强调积极进攻战略，既准备打核战争，也准备打常规战争；主张突然袭击，先发制人；在准备打持久战的同时，力求速战速决，初期决胜；强调诸军兵种密切协同，实施陆空立体作战，集中优势兵力，尤其是集中坦克和机械化部队实施宽正面、多方向、大纵深高速度进攻。在这种样式的现代战争中，冲击的坦克和机械化部队就更需要炮兵及时而密切的火力支援，在这方面牵引火炮就明显感到力不从心，而现代化的自行火炮却体现出它的独特优长。首先，自行火炮与车辆底盘结合为一体，能够自行运动，不需要牵引工具牵引，机动性能和越野能力都较好，有的自行火炮就是采用坦克的底盘，有的还可以浮渡，它完全能够伴随坦克和机械化部队快速前进，不会拖部队的后腿。其次，自行火炮进出阵地快，构筑发射阵地也较牵引火炮简单，新一代自行火炮已装备

美国M110式自行榴弹炮

夜视设备，有的已开始采用以弹道计算机为中心的自动化火力控制系统，有的还装有机械瞄准传动装置和自动装填机。因此，它的射击准备时间较牵引火炮短，而射速每分钟可达10发以上。最后，自行火炮的自身防护能力较牵引火炮强。现代化的自行火炮绝大多数都有装甲防护，有的全装甲式（即密封式）自行火炮配有防核、化学、生物武器的三防装置，因此，它更适合在现代特种条件下实施作战。综合这些优长，无怪乎很多国家对它特别青睐。

　　自行火炮的主要缺点是造价较昂贵，使某些发展中国家望而却步。

（卜允德）

为什么许多外国军事专家认为现代
炮兵的最大发展潜力在于弹药，
而不在于火炮本身

　　许多国家的军事当局和军事专家认为，炮兵的最大发展潜力在于弹药，而不在于火炮本身，甚至提出"今后二十年是属于弹药的年代"。从战后炮兵装备发展的客观实践来看，这种观点确实有它一定的道理。

　　现代战场上，炮兵火力打击的主要对象是各种装甲目标。发展新型反装甲弹种是提高炮兵反装甲能力的最直接、有效的途径。反装甲弹种的新发展，将导致从发射多发炮弹歼毁一个目标转变为发射一发炮弹或火箭弹就能消灭一个目标，甚至多个目标，这是弹药发展的突破性进步。

　　灵巧炮弹，包括自寻的反装甲子母弹和末制导炮弹（火箭战斗部），已成为发达国家竞相发展的热点，标志着炮弹已进入一个新的发展时代。预计20世纪末21世纪初，81、120毫米迫击炮和155毫米榴弹炮、多管火箭炮都将配用灵巧炮弹或装有灵巧子弹的火箭战斗部。迫击炮和榴弹炮发射的自寻的反装甲子母弹内一般可装2～3个子弹头，火箭战斗部内装的子弹头更多些，子弹头在下落过程中，利用红外或毫米波传感器对地面装甲目标进行扫瞄，发现目标后立即爆炸，产生高温高压将弹内的药型罩挤成"飞镖状"破片，以非常高的速度撞击目标，其动能足以穿透坦克的顶装甲，从而毁伤装甲目标。美军继"铜斑蛇"末制导炮弹之后，现正发展采用红外、热成像、毫米波制导或复合制导的第二代末制导炮弹，其传感器的扫描范围比自寻的子母弹更大些，而且装有飞行控制装置，能够自动修正飞行弹道，直至命中并毁伤目标，实现真正的"打了不用管"。

20世纪70年代以来已陆续装备部队的双用途子母弹，已经或正在成为各国榴弹炮、迫击炮、火箭炮的基本弹种。钨合金、铀合金尾翼稳定脱壳穿甲弹正在逐步取代传统的动能穿甲弹，成为反坦克炮的主要弹种。

火炮的最大射程能打多远是炮兵战斗能力的重要指标之一。目前增大火炮射程的主要途径在于发展远程弹药，例如发展全膛远程弹、火箭增程弹、弹底排气弹等。此外，还正在积极研究冲压喷气推进技术在弹药上的应用。改进弹形可增大射程10％～20％，采用弹底排气技术可以增大射程20％～30％，加榴炮弹用火箭，一般可增大射程20％左右，高者如俄军Ｃ-23式180毫米加农炮发射火箭增程弹可增大射程46.9％。

一些发达国家正在发展新型化学炮弹、电视侦察炮弹、红外诱饵炮弹、战场监视炮弹，以及电子干扰炮弹，炮弹家族将增加更多的新成员，这些无疑会对炮兵的威力和战斗效能产生深远的影响。

（卜允德）

为什么某些第三代反坦克导弹被人称做"打了就不用管"的导弹

　　反坦克导弹是二战之后迅速发展起来的新型反坦克武器，它与其他反坦克武器相比，具有精度高、威力大、射程远等优点。因此它已逐步成为许多国家的主要反坦克手段，至 20 世纪 90 年代初，研究试制的反坦克导弹已有三代产品。第一代导弹采用目视瞄准、目视跟踪、手动有线传输指令制导方式，射击精度较低，射手要经过严格训练方能取得较好的射击效果，这种导弹近年来已逐渐被淘汰。第二代导弹采用目视瞄准、光学跟踪、有线传输指令制导方式，在瞄准具上安装了精密的红外测角仪，通过探测弹尾的红外辐射自动测出导弹偏离瞄准线的角偏差，经由小型计算机换算成控制指令，控制弹上执行机构，修正导弹飞行方向。这类导弹的优点是射手只需用光学瞄准镜瞄准目标即可控制导弹的飞行不需使用手柄进行操纵，因而可以简化射手训练，提高射击精度，导弹命中概率多在 90% 以上。此外导弹的飞行速度也有所提高，如法国的"霍特"导弹，最大飞行速度为 264 米/秒，美国的"陶"导弹可达 350 米/秒，比第一代导弹的速度提高一倍以上。从而可以提高导弹发射速度，减少射手暴露的时间，但是射手在导弹飞行过程中还需始终用瞄准镜瞄准目标，所以仍易遭受对方的火力压制。为此不少国家正在研制和装备第三代反坦克导弹。

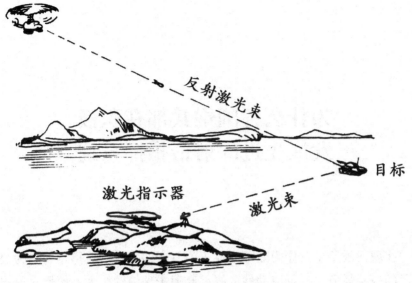

反射激光束

目标

激光指示器

激光束

激光半主动制导反坦克导弹

第三代反坦克导弹采用激光、热成像或毫米波制导技术，导弹飞行过程中不需要射手控制即可自行搜索、跟踪、命中目标，实现了全自动制导方式，故西方称之为"打了就不用管"的导弹。例如，美国正在研制中的 AAWS-M 中型反坦克弹有三种方案，其中得克萨斯仪器公司的方案，采用凝视焦面阵导引头，制导系统通过焦面阵红外热成像控测器探测目标的红外辐射并获得目标的红外图像。射手通过热成像瞄准镜捕获到目标后，导弹导引头锁定并自动跟踪目标 导弹发射后，微处理机多模跟踪器开始执行搜索程序，捕获目标，然后通过预编程序逻辑进行跟踪，直至击中目标。这是一种"打了就不用管"的导弹，射手发射导弹后即可离开发射阵地或把注意力集中到其他目标上 这种方案的优点是目标识别能力强，制导精度高，具有全天候作战能力；它的缺点是造价较高。

（卜允德）

为什么各国炮兵都在积极
发展先进的射击指挥系统

在现代战争中，作为陆军主要火力骨干的野战炮兵担负着更为复杂艰巨的战斗任务。战场流动性的提高和射击地域的扩大，使炮兵射击目标的种类和数量大大增多，其中具有较强机动能力的装甲目标比重越来越大。对方还击火力的速度和强度在不断提高，己方如不能在一定时间内消灭对方，则必将被对方所消灭。因此，对处于炮兵武器系统指挥中枢地位的射击指挥系统必然提出了越来越高的要求：

1. 要具有快速、准确处理大量信息和侦察资料的能力，具备进行弹道计算、测地计算及射击修正等功能。

2. 要具有高效、保密、多手段传输信息的能力。

3. 要具有良好的辅助决策的能力，也即要具有足够的"数据库"和优良的"专家系统"功能，能在战斗准备和战斗实施的各个阶段，向指挥员提供所需的各种资料，包括建立在最优化理论基础上的火力运用方案。

4. 要具有高度自动化制作战斗文书的能力，能最大限度地免除指挥官从事各项技术性事务，以便腾出精力和时间来处理至关重要的、又不可能由计算机来替代的决策性方面的工作。

此外，为了适应复杂的战斗条件和具有良好的生存能力，对指挥系

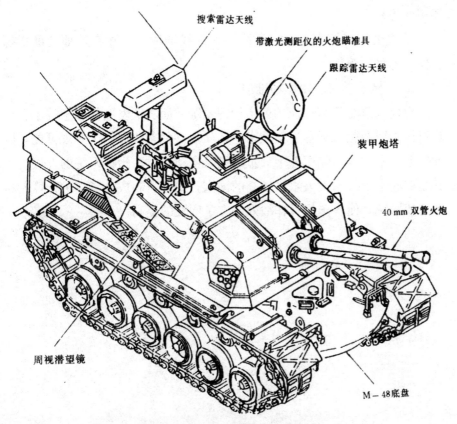

搜索雷达天线

带激光测距仪的火炮瞄准具

跟踪雷达天线

装甲炮塔

40 mm 双管火炮

周视潜望镜

M—48底盘

美国"约克中士"双管自行高射炮

统的可靠性、配置的灵活性、抗干扰能力、环境适应性及机动性能等均提出了更高的要求。

指挥系统性能的不断改进，可以使炮兵系统的整体效能获得以下几个方面的提高：

1. 缩短了炮兵的反应时间。

2. 获得更高的首发命中率和首批弹群覆盖目标的概率。

3. 炮兵作战行动获得更好的保密性。

4. 更适应于各种战术情况（集中指挥、分散指挥、机动作战、战场多变等）。

5. 更便于指挥官全面、系统地掌握战场情况，并有效地辅助指挥官作出各种决策。

6. 更易于学习、操作和维护。

现代战争需要高性能的射击指挥系统，而飞跃发展的电子技术、计算机技术以及微机远程通信技术等，又为这种需要提供了客观可能，因此，近年来，各国陆军都十分重视炮兵自动化射击指挥系统的发展，尤其是那些电子技术发展水平较高的国家，先后研制成功了多种计算器材和指挥系统，使各国炮兵作战效能有了明显的提高。

（卜允德）

为什么现代炮兵使用的弹药
五花八门，弹种越来越多

在现代战争中，炮兵所要对付的目标种类很多，如装甲目标（坦克、步兵战车、装甲输送车等），飞机和导弹，敌人的炮兵、指挥所、观察所和侦察、通信、指挥设施，暴露的活动力量，空降目标，舰艇，

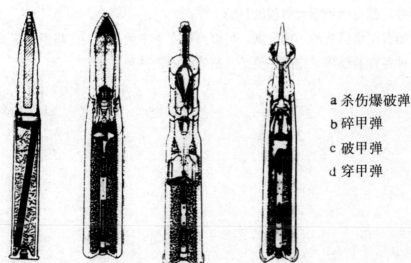

a 杀伤爆破弹
b 碎甲弹
c 破甲弹
d 穿甲弹

现代炮兵使用的几种弹药结构示意图

对付多种多样的目标，遂行各种各样的战斗任务，设想使用单一弹种来完成是不可能的。例如，小口径高炮只配用曳光榴弹则感威力不足，还要发展混合使用的杀伤爆破榴弹、半穿甲燃烧弹、对付装甲目标的曳光脱壳穿甲弹等。又如，对付敌人的坦克，仅靠破甲弹有时已难以奏效。因为目前很多坦克上装有复合装甲和屏蔽装甲，需要使用高效能的铀、钨合金脱壳穿甲弹和新型复合弹才能将其摧毁。再如，对付集群坦克如果像过去那样，靠野战炮兵同时发射大量榴弹以几百发才能命中一发的老办法，是难以完成毁歼任务的。因此现在已经涌现了一批对付大面积集群装甲目标的新弹种，如破甲子母弹、子母雷、末制导炮弹、敏感炮弹、动能反装甲子母弹等。

为了适应现代战争大纵深作战的需要，外军在增大火炮射程方面做了很多研究工作，研制出各种各样的火箭增程弹和冲压式喷气弹，如加一级火箭发动机，通常可使射程增大 $25\%\sim30\%$。此外，还采取减小弹形系数以减少空气阻力，制成底凹弹、底部排气弹和新型的全弧形远程榴弹等，都可达到增大射程的目的。

随着军事科技的迅速发展，可以预见在未来的战场上还将涌现更多的各种各样能够满足作战需要的、高效能的新弹种。

（卜允德）